JN300371

たのしくできる
Arduino 電子工作

牧野浩二 [著]

東京電機大学出版局

はじめに

　Arduinoは誰でも簡単に使えるマイコンを目指して作成されました．その戦略と設計が非常によくできており，開発から数年でとても多くのユーザに受け入れられて全世界に広まりました．さらに，簡単なだけでなく，ハードウェアとソフトウェアともにすべての仕様が公開されており，機能を拡張することができるようになっているため，他のマイコンを使っていた上級者にも受け入れられました．筆者もArduinoを初めて使ったときにはその簡単さに驚いたものです．たとえば，多くのマイコンでは書き込みのために専用のボードを必要とし，実行するためにはいくつか外部部品の実装を必要としますが，Arduinoは書き込みも実行もArduinoのボードにUSBケーブルをつなぐだけでできてしまいます．しかも，書き込みモードと実行モードの切り替えスイッチすらなく，書き込み時も実行時もUSBからの電源供給だけでできます．そして，プログラムに関してはマイコンを使い始めたときに最初につまづくことが多い「レジスタ」という概念を排除し，とても簡略化したものになっています．簡略化しているにもかかわらず使いやすく感じるのは設計がしっかりしていたからだと考えます．そして，簡単だけれども電子工作をするのには十分高性能なマイコンであり，Arduinoの関数の内部やマイコンボードを隅々から把握できるため，筆者のよく使用するマイコンの1つになりました．

　本書は，初めてマイコンを使う人から他のマイコンを使ったことがある人まで無理なく学べるように，かつ，さまざまな電子工作の手助けにしていただけるような内容となるように心掛けました．まず，プログラムは，Arduinoの簡単さを体感していただきたいのと，各節のポイントをより分かりやすくするために，極力短くしてあります．マイコン上級者には簡単すぎるかもしれませんがそのようにお考えください．また，すべての回路には回路図と実体配線図の両方を記載しています．回路図だけだと初心者には敷居が高くなってしまい挫折の原因の1つになってしまうことが多いと感じている

からです。そして，最初からすべて読まなくてもできるように，各節に必要な節への案内を付けています。「作りたいものから作ると楽しい。」これが一番良いと筆者は考えているからです。Arduino は簡単でかつ強力なマイコンです。Arduino を使って電子工作を楽しみましょう！　そして，本書を通して電子工作に興味を持ち，仕事や研究として使うだけでなく，趣味として人生を豊かにする手助けとなってもらえることを願っています。

　刊行にあたり，多くの助言を与えていただいた元都立工業高校教諭の熊谷文宏先生，プログラムや電子回路のチェックを行っていただいた東京工科大学実験助手の今仁順也氏には大変お世話になりました。そして，ご協力いただいたすべての方々にお礼申し上げます。ありがとうございました。末筆ではありますが，東京電機大学出版局の石沢岳彦氏のご尽力がなければ本書が世に出ることはなかったでしょう。感謝の意を示します。

2012 年 8 月

著者しるす

本書に記載されている社名および製品名は，一般に各社の商標または登録商標です。本文中では TM および Ⓡ マークは明記していません。

目 次

第1章 Arduinoを使う準備をしよう

1.1 Arduinoと電子パーツの購入 …………………… 1
　《Tips》Arduinoとは
1.2 各部の説明 ………………………………………… 3
1.3 開発環境のダウンロード ………………………… 5
1.4 インストール ……………………………………… 7
　《Tips》開発環境のアンインストールとアップデート
1.5 パソコンとの接続 ………………………………… 8
1.6 初期設定 ………………………………………… 13
　《Tips》通信のポート設定で困ったとき
1.7 サンプルプログラムで動作確認 ……………… 16
　《Tips》プログラムを見やすく

第2章 はじめの一歩をふみ出そう

2.1 もっとも簡単なプログラム …………………… 19
　《Tips》困った！エラーが出た
2.2 ACアダプターや電池で動かす ……………… 25
　（1）ACアダプターによる動作
　（2）電池による動作

第3章 Arduinoから指令を与えよう（出力処理）

3.1 LEDを光らせたり消したり（デジタル出力）………… 27
　（1）LEDの点灯
　（2）LEDの消灯
　《Tips》デジタルピンを増やす方法
3.2 LEDの明るさを変える（アナログ出力）………… 30
　《Tips》本当はPWM出力

第4章 Arduinoに状況を伝えよう（入力処理）

4.1 スイッチでLEDを光らせる（デジタル入力）……… 32
4.2 ボリュームでLEDの明るさを変える（アナログ入力） 34

第5章 パソコンと連携させてみよう（シリアル通信）

- **5.1** ボリュームの値を知る（シリアル出力） ………………… 37
  - 《Tips》転送速度
- **5.2** キーボードで LED を光らせる（シリアル入力） ……… 40
  - 《Tips》小数部のある値を送る

第6章 プログラムの時間に注目しよう

- **6.1** 時間を待つ …………………………………………… 44
  - 《Tips》他の時間待ち関数
- **6.2** タイマーを使う ……………………………………… 45
  - 《Tips》時間待ちとタイマーの違い
- **6.3** 時間計測 ……………………………………………… 50

第7章 表示デバイスを使おう

- **7.1** 液晶ディスプレイ（LCD） ………………………… 52
- **7.2** 7セグメント LED ディスプレイ …………………… 55
- **7.3** ドットマトリックス LED ディスプレイ ………… 59

第8章 センサーを使おう

- **8.1** 距離センサー ………………………………………… 63
- **8.2** 曲げセンサー ………………………………………… 66
- **8.3** 3軸加速度センサー ………………………………… 67
- **8.4** 光センサー …………………………………………… 70
- **8.5** 超音波センサー ……………………………………… 72
  - 《Tips》反射した超音波の届く時間から距離を求める方法
- **8.6** 静電容量センサー …………………………………… 76
  - 《Tips》抵抗の大きさと反応速度

第9章 モーターを回そう

- **9.1** DC モーター ………………………………………… 79
- **9.2** サーボモーター ……………………………………… 82
- **9.3** ステッピングモーター ……………………………… 84

第10章 楽器を作って演奏しよう

10.1	音を出す	88
	《Tips》tone 関数の正体	
10.2	電子ピアノ	91
10.3	テルミン	93
	《Tips》きれいな音を出すために	

第11章 ゲームを作ろう

11.1	リズムゲーム	97
	《Tips》もっと面白くするために	
11.2	スプーンゲーム	100
	《Tips》もっと面白くするために	
11.3	モグラたたきゲーム	103
	《Tips》もっと面白くするために	

第12章 ロボットを作ろう

12.1	ライントレースロボット	108
12.2	ロボットアーム	114
	《Tips》なめらかな動作にするために	

第13章 Arduino を使いつくそう

13.1	ポート単位のデジタル出力	120
	（1）入出力の設定	
	（2）ポートの出力	
13.2	外部割り込み	123
13.3	無線通信（XBee）	125

付録

A.	Arduino の関数リファレンス	133
B.	Arduino のライブラリリファレンス	138
C.	プログラム言語の基礎	140
D.	Arduino Uno R3 の内部回路	146
E.	部品の入手先とパーツリスト	147

索引

149

第1章 Arduinoを使う準備をしよう

Arduinoを使うための準備をしましょう。手順は，Arduino本体や電子パーツの購入から，サンプルプログラムでの動作確認までの7つのステップです。

1.1　Arduinoと電子パーツの購入

まずは，**Arduino**本体を購入する必要がありますね。その他にも電子工作をするときには，さまざまな電子パーツが必要になります。筆者がよく使うお店と本書で使用するパーツ一覧を巻末の付表E.1，付表E.2に示します。

これらのインターネットショップでArduinoを探すといろいろな種類（Uno，Mega，Nanoなど）が出てきますね。どのArduinoでもたいてい互換性はありますが，本書で対象とするArduinoは，**Arduino Uno**です。Arduino Unoにもいくつかバージョンがあります。本書の図面はArduino Uno **R3**で書かれています。

本書の工作でよく使うものを図1.1にまとめておきます。

> **Tips　Arduinoとは**
>
> アルディーノ（またはアルドゥイーノ）と読みます。これはとても簡単にスイッチやセンサーの値を読み取ることができたりLEDやモーターを制御できたりする「実際の世界に直結したコンピュータを作る」（フィジカルコンピューティング）ための**マイコンボード**です。他のマイコンでも同じようなことができますが，Arduinoは初心者でも簡単に使えるように開発環境やマイコンボードが工夫されています。また，そのハードウェアとソフトウェアのすべての仕様が公開されているので上級者が簡単に拡張できるようになっています。つまり，初心者が簡単に使えてかつ上級者も満足できるように設計されたマイコンボードなのです。

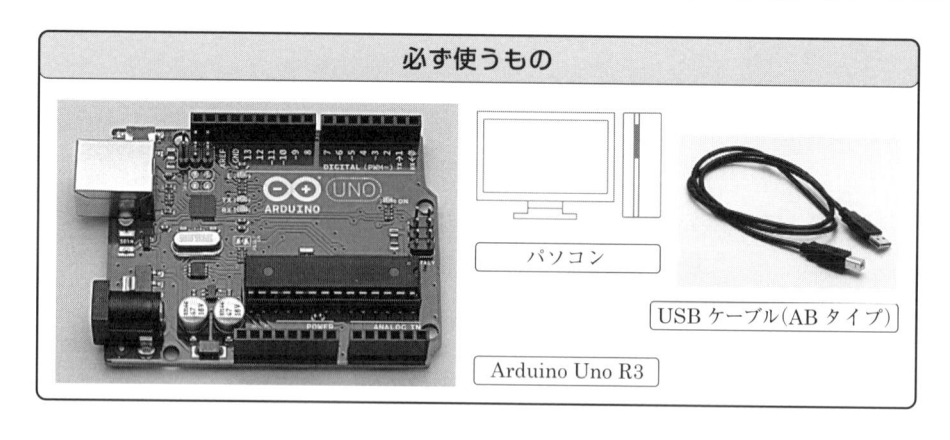

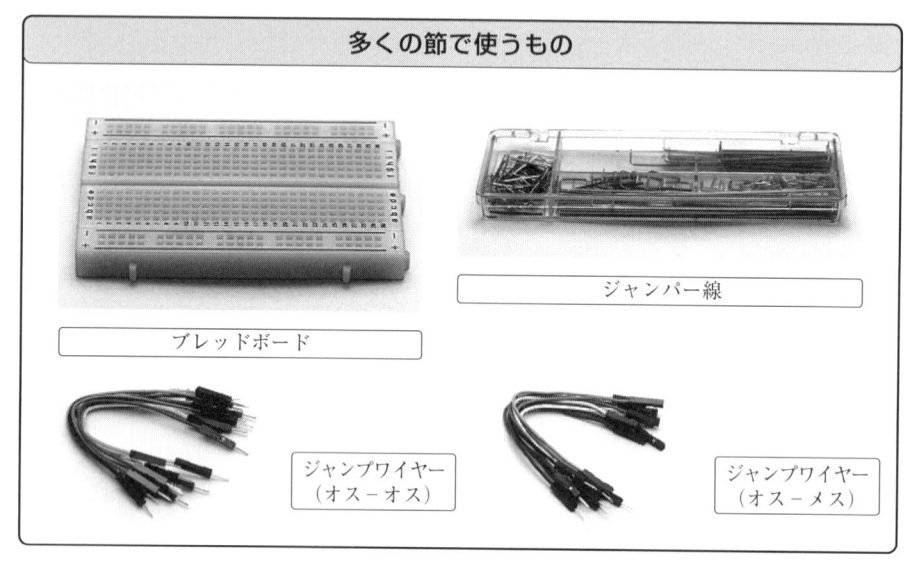

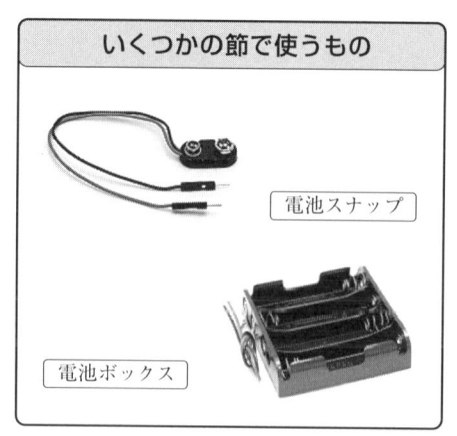

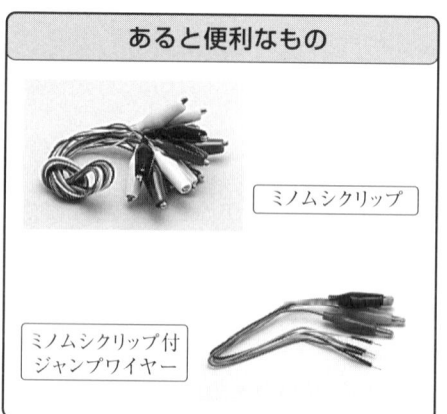

図 1.1 本書の製作に使用するものの例

1.2 各部の説明

Arduino を購入したらさっそく箱を開けてみましょう。基板の上にはいろいろな部品が付いていますね。それぞれの部品の名称を図 1.2 に示します。

① **ピン**　Arduino の両側に黒くて穴のあいた部分がありますね。この穴のひとつひとつを**ピン**と呼びます。ピンにはいくつか役割があり，Arduino にはそれぞれの役割が白い文字で書かれています。その中の本書で使用するピンについて説明します。

② **デジタルピン**　"DIGITAL"と書いてある 0 番から 13 番までの 14 本のピンです。本書ではこのピンを『デジタル○○番ピン』と呼ぶことにします。"〜"と書かれた[※]3，5，6，9，10，11 番ピンは特殊な使い方（3.2 節の analogWrite 関数）ができます。

※ 〜は PWM 出力できるピンであることを表しています。

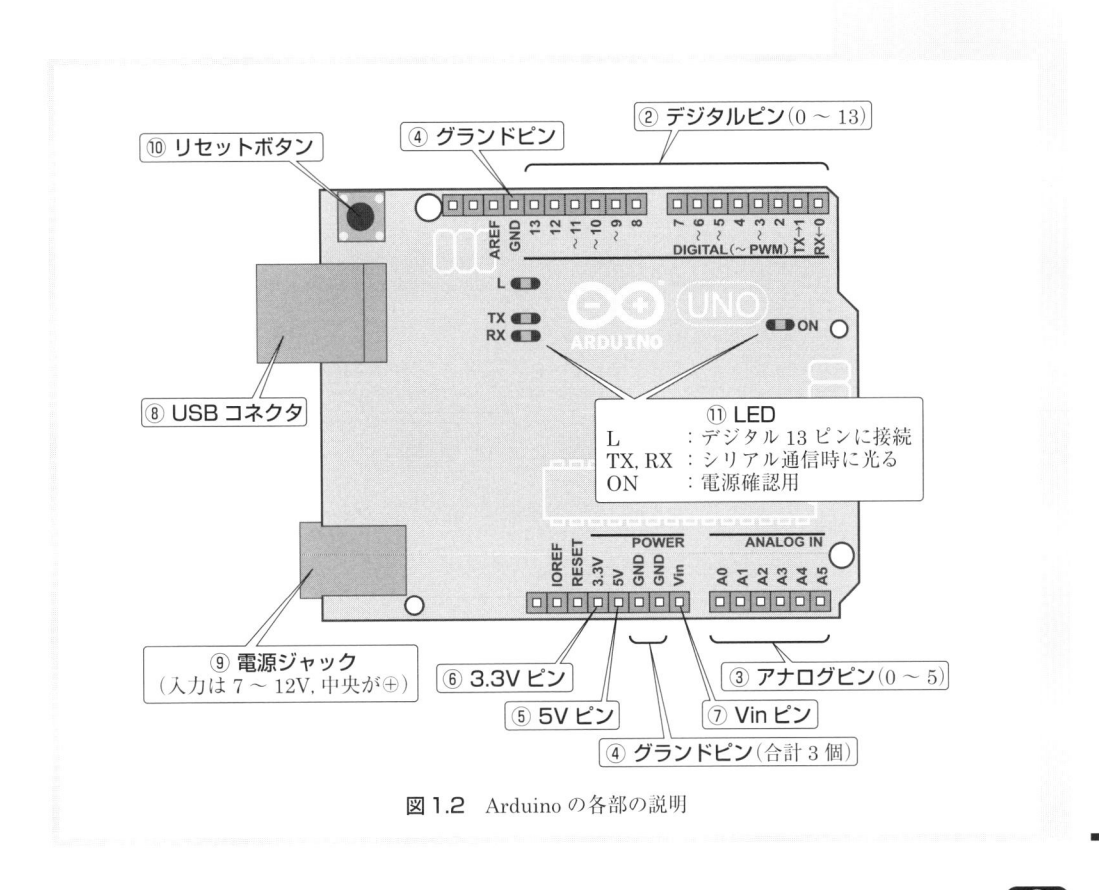

③ **アナログピン**　"ANALOG IN"と書いてある 0 番から 5 番までの 6 本のピンです。本書ではこのピンを『アナログ○○番ピン』と呼ぶことにします。

図 1.2　Arduino の各部の説明

④ **グランドピン**　"GND" と書いてあるピンで，上側に1つ，下側に2つの合計3つのピンがあります。この3つのピンは内部でつながっているため，すべて同じ役割をします。
⑤ **5V ピン**　"5V" と書いてあるピンで，5V が出力されています。
⑥ **3.3V ピン**　"3.3V" と書いてあるピンで，3.3V が出力されています。出力できる電流量は小さいので，あまり多くのものをつなぐことはできません。
⑦ **Vin ピン**　"Vin" と書いてあるピンです。これは電源ジャックのプラス極とつながっています。そのため，Arduino を駆動するための電源の入力ピンとして使うことができます。
⑧ **USB コネクタ**　プログラムを Arduino に書き込んだり，Arduino と通信したりするときには，このコネクタとパソコンをUSB ケーブル（AB タイプ）でつなぎます。
⑨ **電源ジャック**　Arduino は USB ケーブルでパソコンとつながっていれば動かすことができますが，パソコンとつながないで動作させたり，多くの電流を必要とする工作をしたりするときには，この電源ジャックに AC アダプター（7V 〜 12V 出力のもので，内側がプラス）をつなぎます。
⑩ **リセットボタン**　基板上に1つだけ付いている押しボタンスイッチです。このボタンを押すとプログラムを最初から再度実行させることができます。リセットボタンの位置は Arduino Uno R3 とそれ以前のバージョンで違います。
⑪ **LED**　真ん中より少し左の上側に LED が3つと右側に1つ付いています。
- 右側の "ON" と書いてある LED は電源が入っていると点灯する電源確認用 LED です。
- 左の一番上の "L" と書いてある LED はデジタル 13 番ピンとつながっていて，この LED はプログラムで点灯や消灯をすることができます。
- 左の下側2つの "TX"，"RX" と書いてある LED はシリアル通信しているときや，作成したプログラムをマイコンボードに書き込んでいるときなどに点滅します。

1.3　開発環境のダウンロード

Arduinoを使うための**開発環境**（ソフトウェア）をインターネットからダウンロードしましょう。この開発環境は無料で入手できます。

まず，次の公式ホームページを開きましょう。

　　　　http://www.arduino.cc

図1.3のような画面が出てきます。ホームページのレイアウトや写真などは，ときどき変わることがあります。

図1.3　Arduinoの公式ホームページ（英語）

その中から，「Download」と書かれたリンクをクリックすると（図1.3②），図1.4のような画面が出てきますね。

そのページにあるDownloadと書いてある下線が引かれた「Windows」という文字をクリックすると（図1.4①）ダウンロードが始まります※。本書では執筆時点で一番新しい**Arduino-1.0.1**※※をダウンロードしました。Arduinoのバージョンは日々更新されています。バージョンが違う場合はそれに合わせて読み変えてください。

インターネットエクスプローラ9を使用している場合は，図1.4の下の方に「arduino.googlecode.comからarduino-1.0.1-windows.zip（86.4MB）を開くか，または保存しますか？」と聞かれます。そこ

※ MacやLinux(32ビット版，64ビット版)を使っている人はそれぞれMacや32bit,64bitをクリックしましょう。

※※ このバージョンから日本語に対応しました。

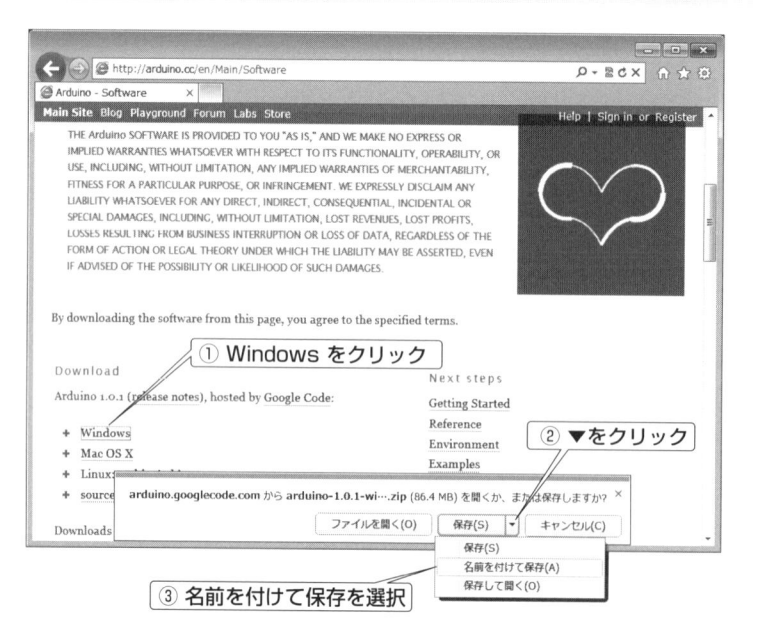

図1.4 Arduinoの開発環境のダウンロードページ

で，保存 (S) の右の▼をクリック（図1.4②）して，「名前を付けて保存 (A)」を選びましょう（図1.4③）。本書では保存先として図1.5のようにライブラリフォルダの中にあるドキュメントフォルダを選択して「保存 (S)」をクリックします（図1.5）。ダウンロードはインターネットの速さによっては，かなり時間がかかる場合があります。

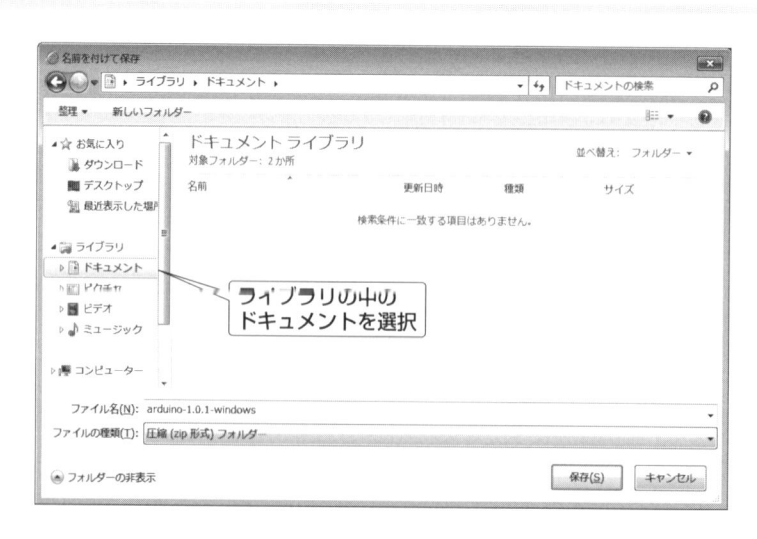

図1.5 Arduinoの開発環境の保存先

1.4　インストール

インストールは図 1.6 のようにドキュメントフォルダ※に保存されている Arduino-1.0.1-windows.zip を右クリックして，「すべて展開(T)」を選びます。

※ ドキュメントフォルダ以外 (D ドライブやデスクトップなど) でも動作します。

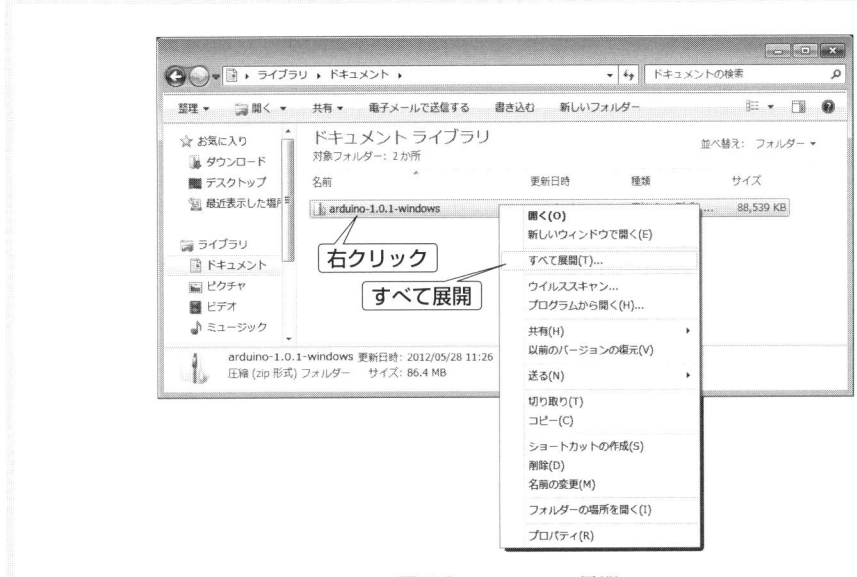

図 1.6　Arduino の展開

展開が終わったらこの開発環境を使いやすくするために，デスクトップにショートカットを作りましょう。図 1.7 のようにダウンロードして解凍した arduino-1.0.1-windows フォルダの中の arduino-1.0.1 フォルダの中にある arduino アイコン（拡張子を表示している場合は arduino.exe）を右クリックしてから（図 1.7 ①），「送る (N)」→「デスクトップ（ショートカット作成）」を選びます（図 1.7 ②）。

これを行うと，　という形のアイコンがデスクトップに現れます。

これで，Arduino を使うための開発環境のインストールは終わりました。ダウンロードしたファイルを展開するだけでインストールができるのはとても簡単ですね。

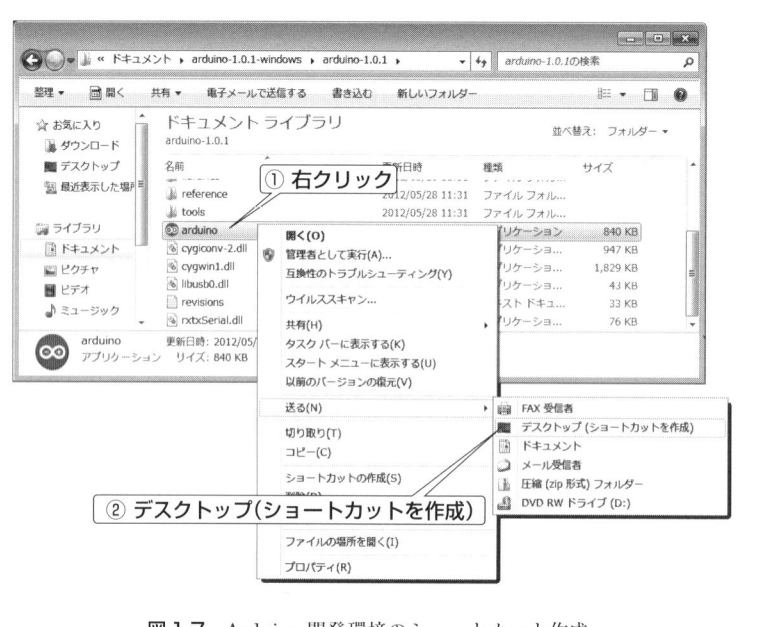

図 1.7　Arduino 開発環境のショートカット作成

> **Tips　開発環境のアンインストールとアップデート**
> - アンインストールは展開したフォルダごと削除すれば OK です。
> - バージョンの違う Arduino の開発環境を 1 台のパソコンで併用することも可能ですので，アップデートした際にも別フォルダなどにインストール可能です。

1.5　パソコンとの接続

　図 1.8 のように Arduino とパソコンを USB ケーブルでつなぎましょう。セキュリティの警告ダイアログが出ることがありますが，キャンセルボタンを押します。

　次に，デバイスマネージャーを起動します。この起動はスタートメニューから「コントロールパネル」をクリックして（図 1.9），「ハードウェアとサウンド」をクリックします（図 1.10）。

　そして，太字で書かれたデバイスとプリンタの下にある「デバイスマネージャー」をクリックします（図 1.11）。

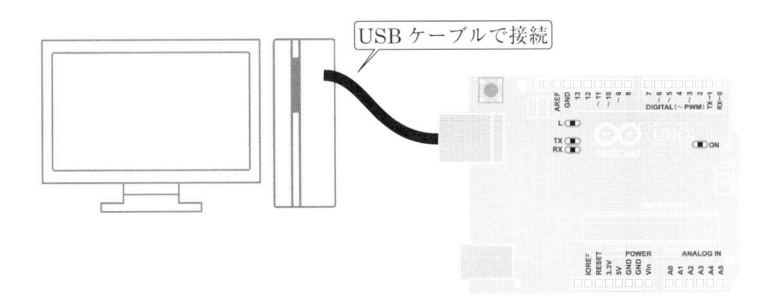

図 1.8　Arduino とパソコンの接続

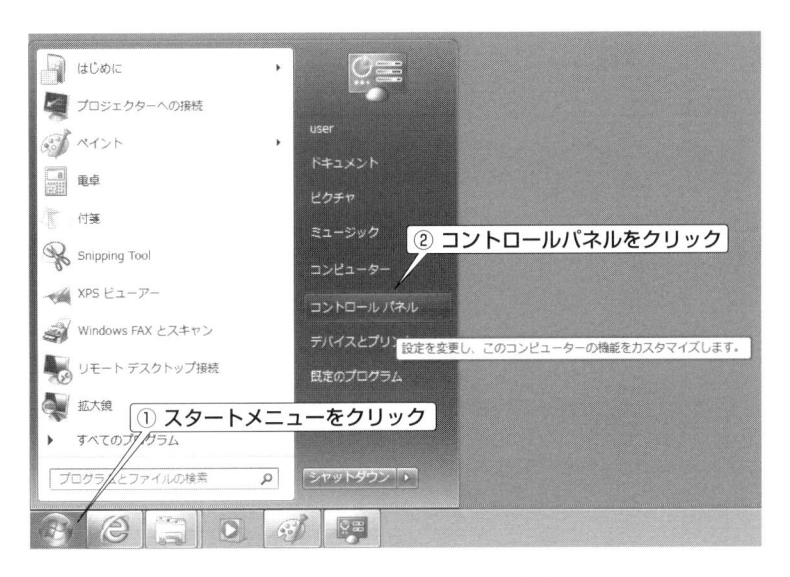

図 1.9　コントロールパネルの起動

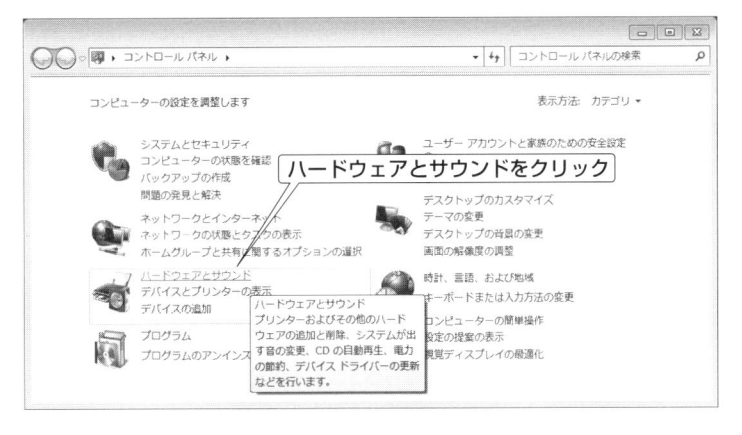

図 1.10　コントロールパネルのトップページ

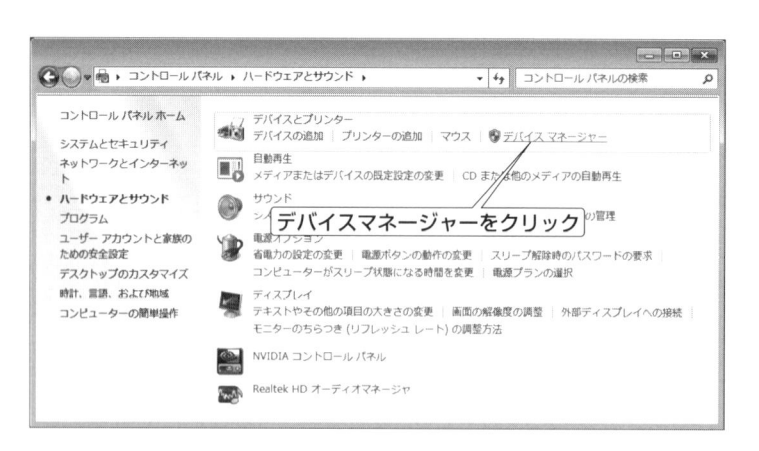

図1.11 コントロールパネルの中のハードウェアとサウンドのページ

※「不明なデバイス」と表示されることもあります。

　その中から「ほかのデバイス」の中のArduino Uno※を右クリックして（図1.12①），「ドライバーソフトウェアの更新（P）」を選択します（図1.12②）。

　そのあと，図1.13のダイアログが出てきますので，下側の「コンピュータを参照してドライバーソフトウェアを検索します（R）」をクリックします。

　そのあと出てきたダイアログの参照（R）をクリックして（図1.14①），Arduino開発環境をインストールしたフォルダの中のdriversフォル

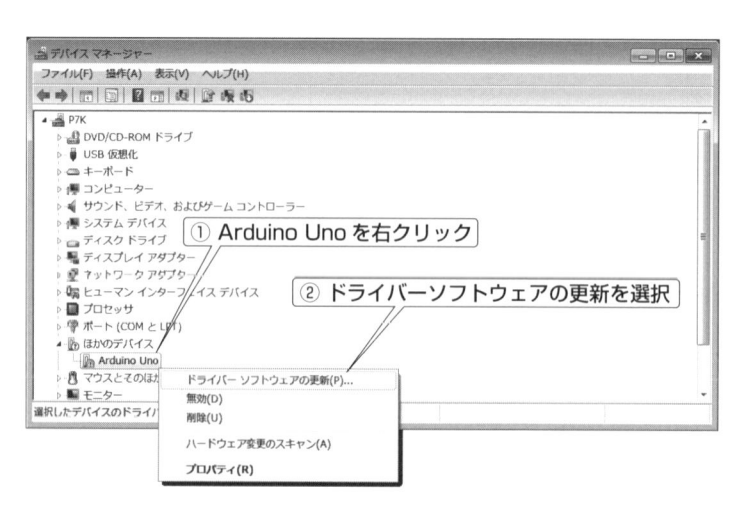

図1.12 デバイスマネージャーからドライバーソフトウェアの更新

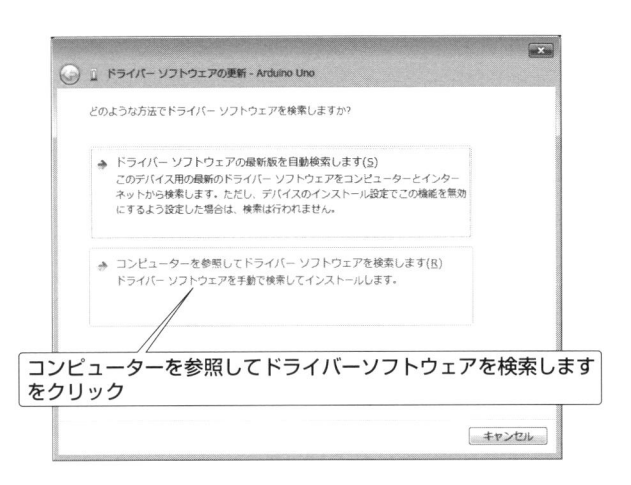

図1.13　ドライバーソフトウェアの検索ダイアログ

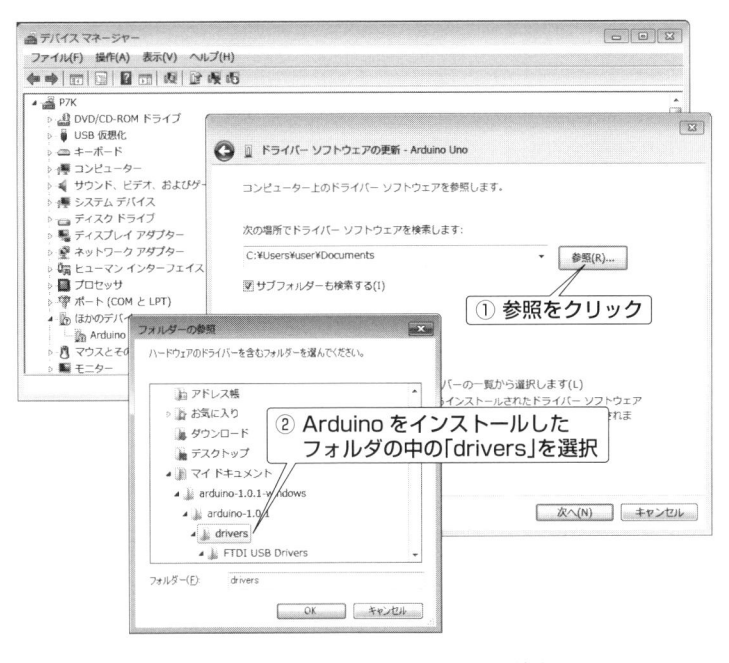

図1.14　ドライバーソフトウェアの検索

ダを選択してOKを押します（図1.14②）。このとき，**FTDI USB Drivers ではない**ことに注意してください。

　図1.15のようなセキュリティの警告が出ることがありますが，「このドライバーソフトウェアをインストールします (I)」を選んで少し待つと，図1.16のようにポート（COMとLPT）の中に「Communications Port (COM3)」と表示されます。この例では，"COM3" という番号

のポートに接続されていることになります。

図1.15　セキュリティの警告

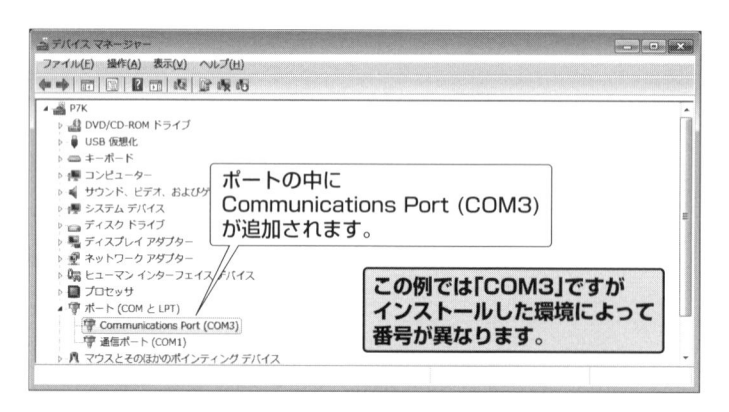

図1.16　ドライバーソフトウェアのインストールの完了

1.6 初期設定

　Arduino を使うための開発環境を起動しましょう。1.4 節でデスクトップに作成した Arduino のアイコン（またはダウンロードして解凍したフォルダの中にある arduino.exe）をダブルクリックすることで，図 1.17 の画面が数秒出てから図 1.18 のウインドウが現れます※。

　このウインドウの中にプログラム※※を書きます。さらに，このウインドウにはプログラムを実行するために行うコンパイルやプログラムを書き込むためのボタン（検査・コンパイルボタン，マイコンボードに書き込むボタン）や，シリアル通信のためのボタン（シリアルモニタボタン）が付いています。

※ 図 1.18 の画面が現れる前に「発行元を確認できませんでした。このソフトウェアを実行しますか?」というダイアログが出ることがありますが，そのときは「実行 (R)」をクリックしてください。

※※ Arduino ではプログラムをスケッチ (sketch) と呼んでいますが，本書の説明ではプログラムと表記します。

図 1.17 Arduino の開発環境の起動画面

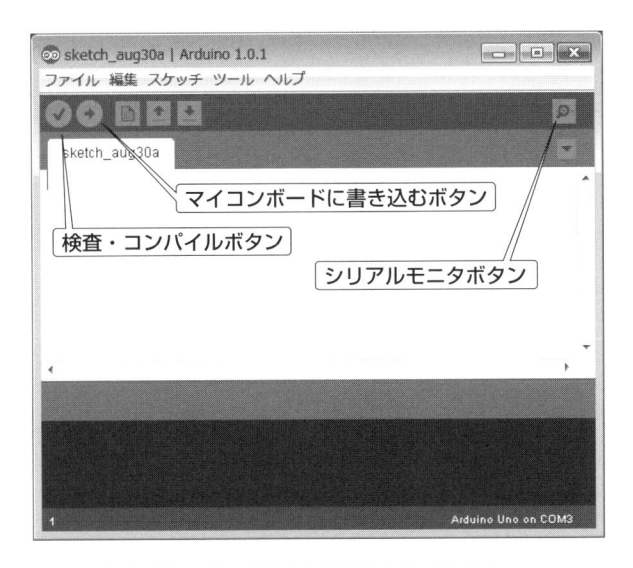

図 1.18 プログラムを作成するウインドウ

Arduino を使うためには，次のボードとシリアルポートの2つの設定が必要です。

(1) Arduino のボードの設定

Arduino にはいろいろな種類（Uno，Mega，Nano など）があります。どの種類の Arduino を使うのかを設定する必要があります。図1.19 に示すように「ツール」メニューから「マイコンボード」を選び，Arduino Uno を選びます。

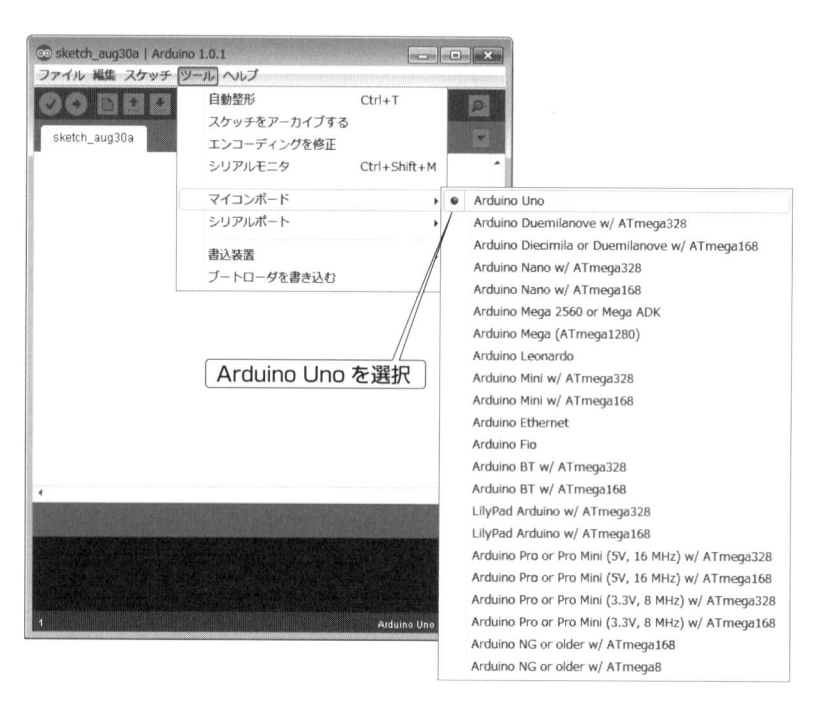

図1.19　Arduino のボードの選択

(2) シリアルポートの設定

※ この設定は Arduino をパソコンとつないでいなければできません。

Arduino がどのシリアルポートに接続されているかを設定※します。図1.20 に示すように「ツール」メニューから「シリアルポート」を選び，Arduino と接続している USB ポートを選択します。1つしかなければそれを選べばたいていは OK です。2つ以上あるときは1.5節（12ページの図1.16）で確認した番号（COM ○○）を選んでください。

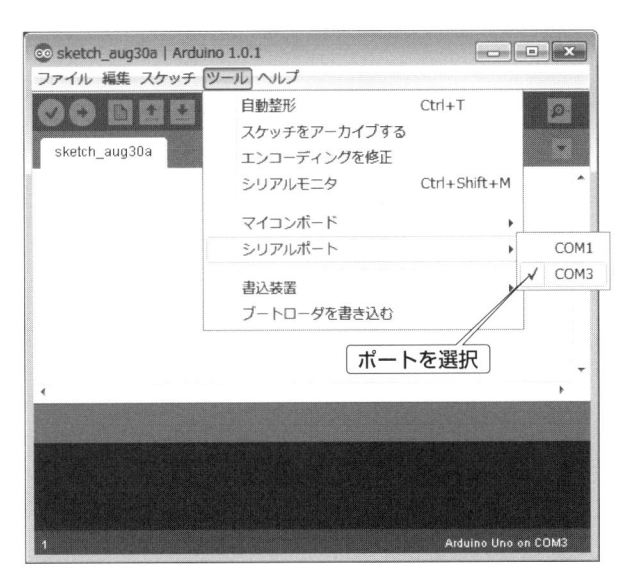

図 1.20 シリアルポートの選択

> **Tips** 通信のポート設定で困ったとき
>
> ● シリアルポートが選択できない場合，
>   ・ USBケーブルを何度か抜き差しすると選択できるようになる場合があります。
>   ・ 「Arduinoがパソコンにつながっていない」または「ドライバが正しく認識されていない」ことが考えられますので，1.5節を見直してください。
> ● シリアルポートの選択肢が2つ以上ある場合は，1.5節の手順でデバイスマネージャーを起動して確認してください。

1.7 サンプルプログラムで動作確認

サンプルプログラムを動かすことで，正しくインストールや初期設定ができているかを確認します。動かすサンプルプログラムは図 1.2 の左上にある"L"と書いてある LED を点滅させるプログラムです。

サンプルプログラムを開くために，図 1.21 に示すように「ファイル」メニューから「スケッチの例」の中の「01. Basics」の中の「Blink」を選択しましょう。

ウインドウが図 1.22 のようにもう 1 つ開きます。このプログラムを実行してみましょう。図 1.22 に示す「マイコンボードに書き込む」ボタンをクリックして，しばらく（15 秒程度）待つと図 1.23 のように Arduino ボード上の"L"と書かれた LED が 1 秒おきに点滅します。こうなれば成功です。このとき出てくるメッセージなどは 2.1 節で解説します。

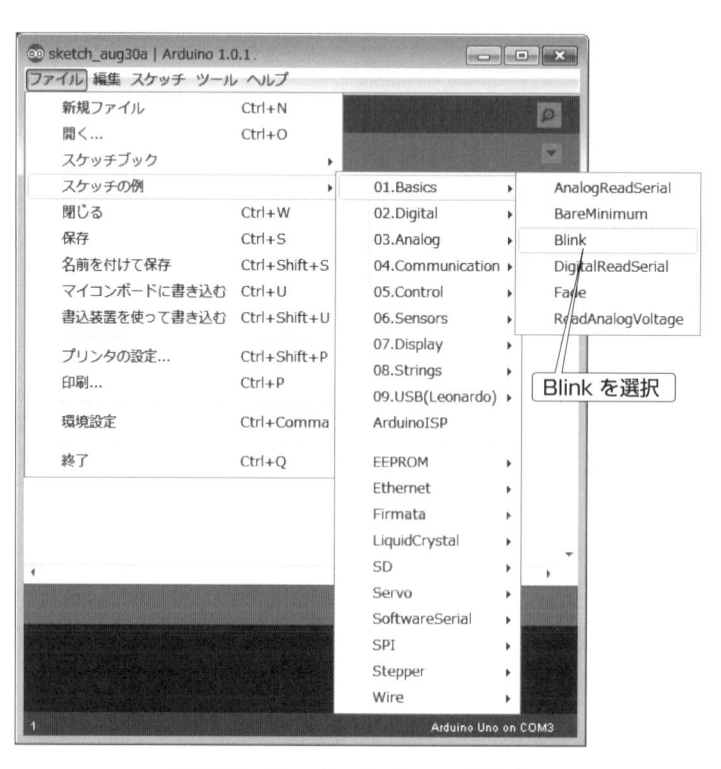

図 1.21 サンプルプログラムの開き方

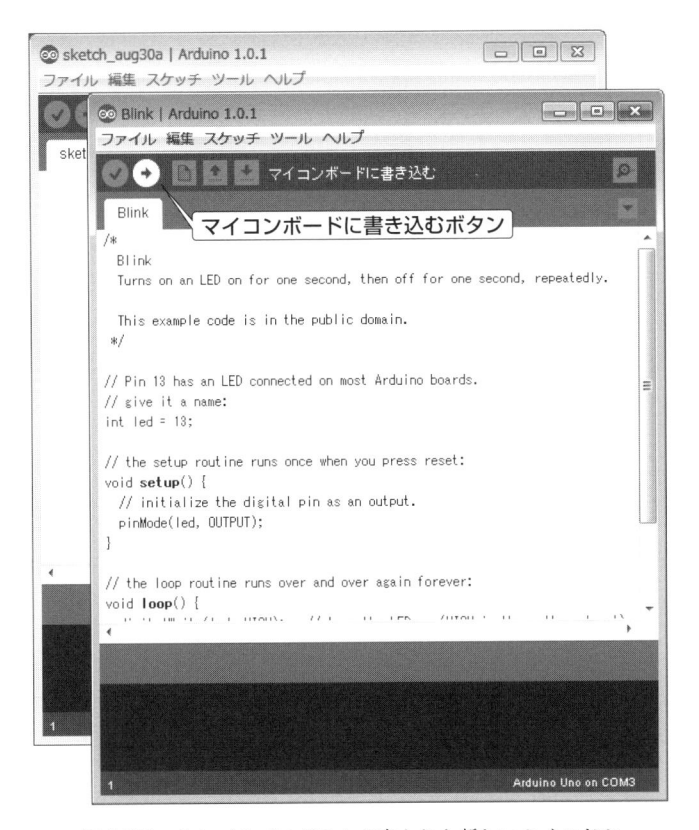

図1.22　サンプルプログラムが書かれた新しいウインドウ

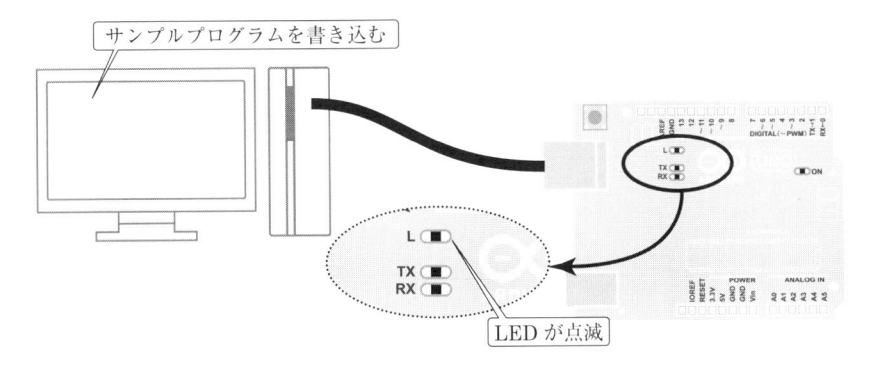

図1.23　サンプルプログラムの書き込み

Tips プログラムを見やすく

　プログラムを書くとき，**インデント**（字下げ）をうまく使うとプログラムがとても見やすくなります。しかし，プログラムを何度も直しているうちにインデントがずれて図 1.24(a) のように見にくくなることがあります。Arduino の開発環境にはインデントを自動的に整えてくれる機能があります。

　　　「ツール」→「自動整形」

を選ぶと自動的に整形されて，図 1.24(b) のように見やすくなります。

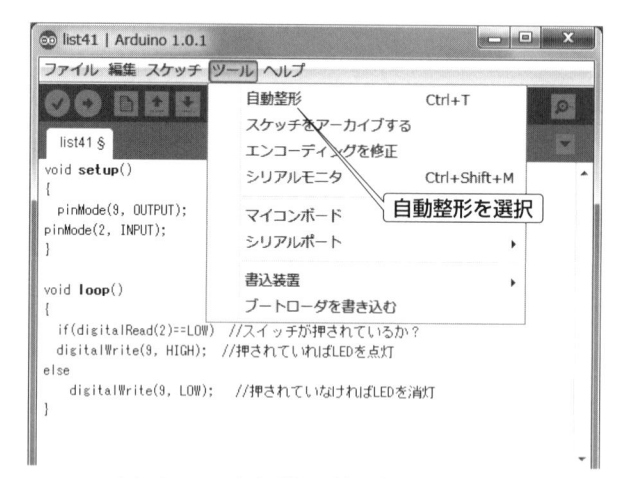

(a) インデントがずれて見にくいプログラム

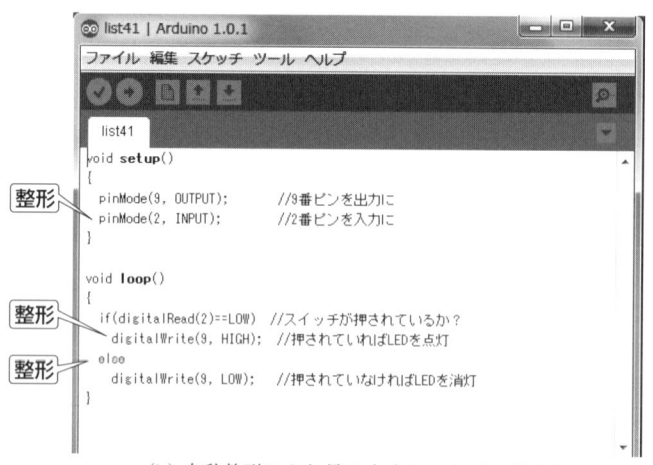

(b) 自動整形により見やすくなったプログラム

図 1.24　プログラムの自動整形

第2章 はじめの一歩をふみ出そう

　Arduinoを使って電子工作を行う時には，パソコンでプログラムを書くことになります。そこで，まずは何もしないプログラムを作ります。はじめの一歩は簡単なところからふみ出しましょう。その次に，ArduinoをACアダプターや電池で動かす方法を紹介します。

2.1　もっとも簡単なプログラム

　この後のArduinoのプログラムで必要になる2つの関数を学びます。そして，エラーが出た場合のいくつかの対処法をTipsで紹介します。

● 参照する節 ●
なし

● 使用するパーツ ●
なし

新しく学ぶプログラム

setup 関数

書式	`void setup()`
説明	はじめに1度だけ実行されます。初期化やピンの設定（後で出てきます）はここに書きます。

loop 関数

書式	`void loop()`
説明	何度も実行されます。普通はここにプログラムを書きます。

　今回は『何もしない』プログラムですので，Arduinoとパソコンを USBケーブルでつなぐだけで電子回路は作りません。

　プログラムをリスト2.1に示します。「短い!?」っと思った人もいるかもしれません。プログラムはたった7行しかありません。Arudinoがいかに簡単か実感してもらえたと思います。

▶リスト2.1▶ 何もしないプログラム

```
1  void setup()
2  {
3  }
4
5  void loop()
6  {
7  }
```

プログラムの解説です。

1行目のsetup関数は，はじめに一度だけ実行されます。変数の初期化やピンの設定などをここに書きます。

5行目のloop関数は，setup関数が終わった後に何度も実行されます。このloop関数の中にプログラムを書くこととなります。

これを実行するためには，このプログラムを**コンパイル**※してマイコンボードへの書き込みを行います。ここではその手順とその時に出てくるメッセージの解説を行います。

まず，図2.1に示す左から2番目の矢印の形をしたマイコンボードに書き込むボタン（ ）をクリック（図2.1①）するとコンパイルが始まります。左下に「スケッチをコンパイルしています...」（図2.1②）と出ているときはコンパイル中です。

エラーがなくコンパイルが終了すると，図2.2のように「コンパイル終了。」と表示が変わります。

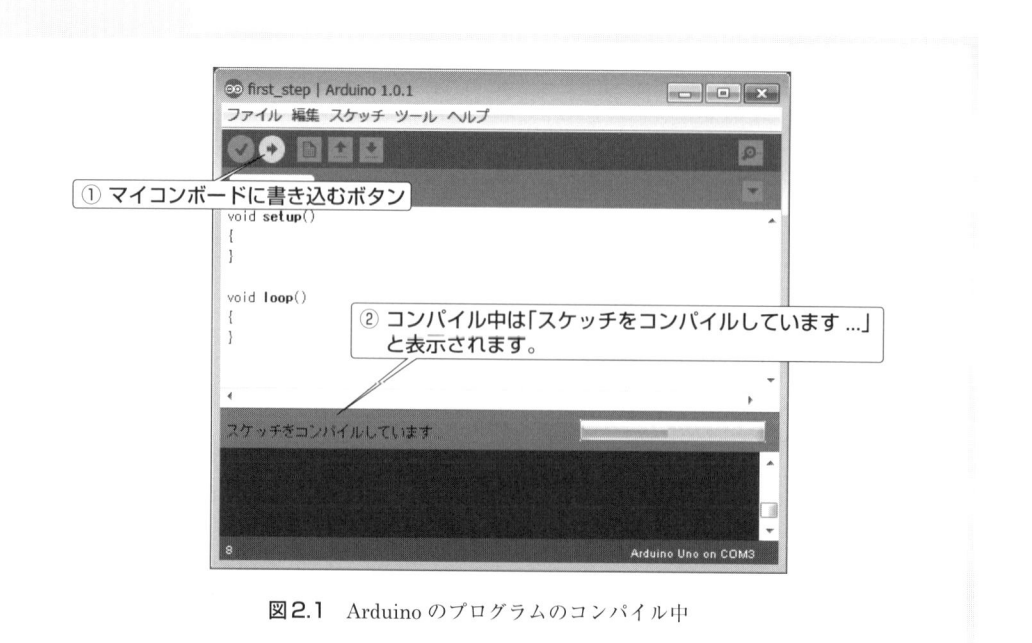

※ プログラムをマイコン（Arduino）が実行できる形式に変換すること。

図2.1 Arduinoのプログラムのコンパイル中

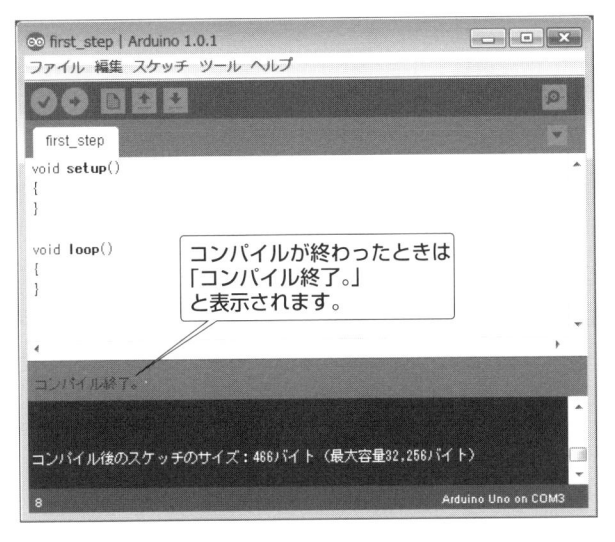

図 2.2 コンパイル終了時

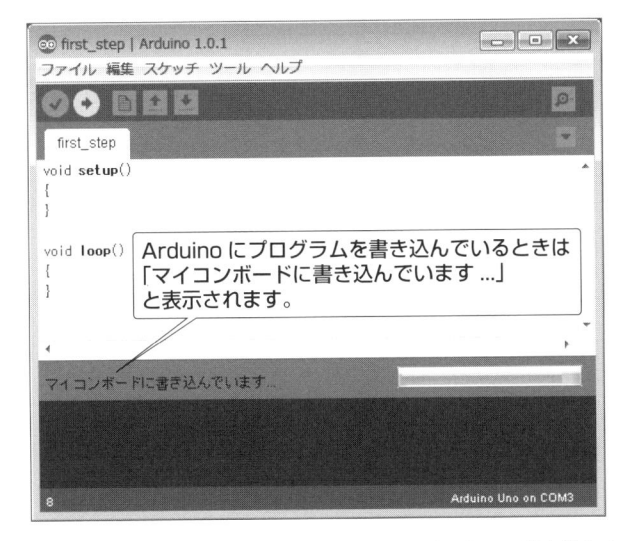

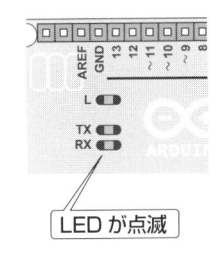

図 2.3 マイコンボードへの書き込み中

　そのあと自動的にマイコンボードへの書き込みが始まります。このとき，左下の表示が図 2.3 のように，「マイコンボードに書き込んでいます ...」になります。さらに，Arduino のボードの TX，RX と書いてある LED（図 1.2 の左の 2 つの LED）がちかちか光ります。

　マイコンボードへの書き込みが終わると左下の表示が図 2.4 のように，「マイコンボードへの書き込みが完了しました。」に変わります。この表示が出れば成功です。

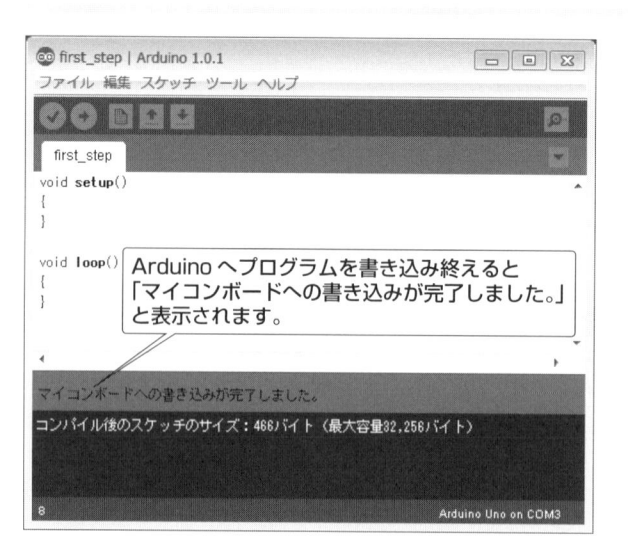

図2.4　マイコンボードへの書き込み終了時

プログラムをコンパイルしてチェックはしたいけど，マイコンボードへの書き込みはしたくない場合があります。その時は左のチェックマークの形をした検査・コンパイルボタン（ ✓ ）をクリックします。その場合は図2.2のコンパイルの終了までで処理が止まります。

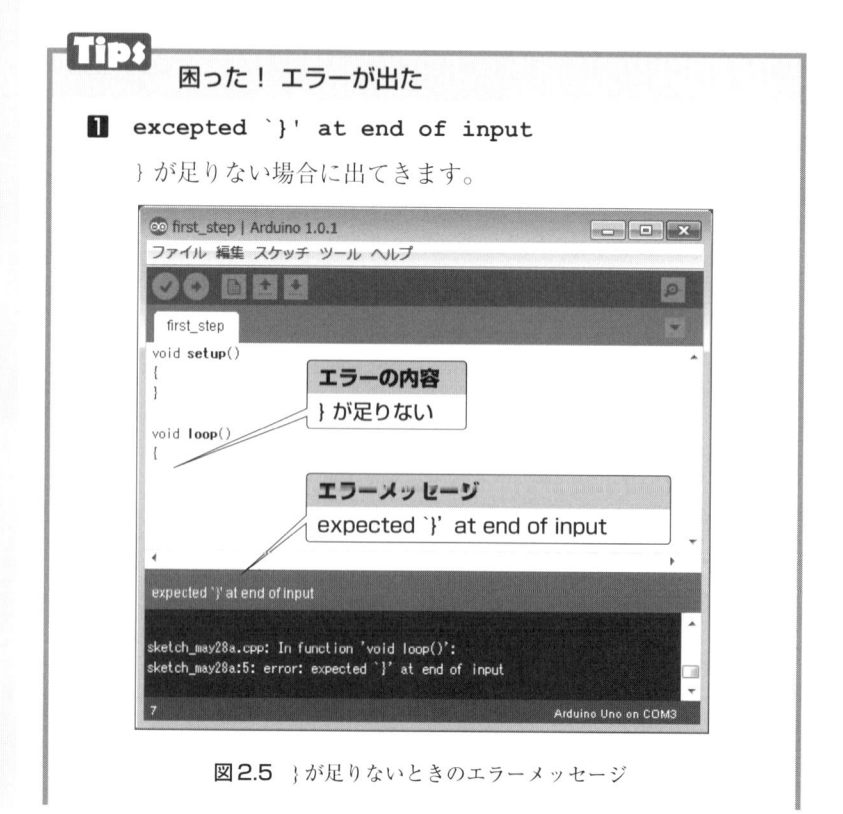

困った！エラーが出た

① excepted `}' at end of input

} が足りない場合に出てきます。

図2.5　} が足りないときのエラーメッセージ

2 `Serial port `COM3' not found`

Arduinoがパソコンとつながっていない時に出てきます。1.6節のTipsを参考にしてください。

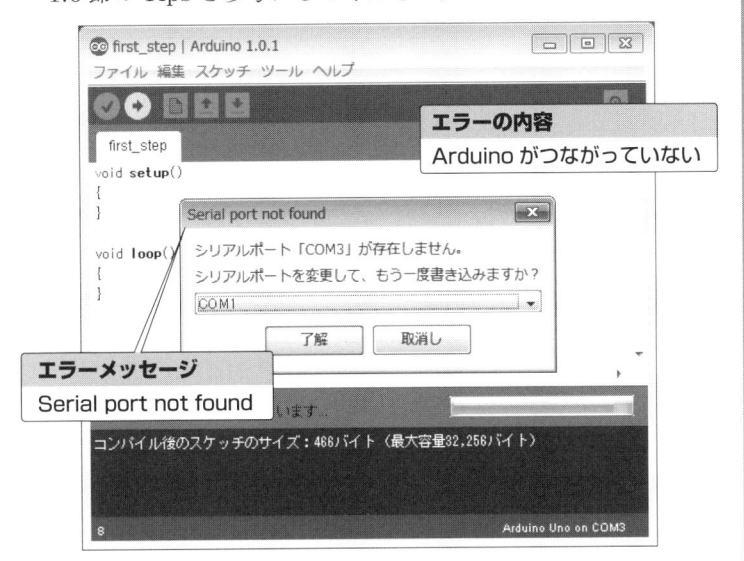

図2.6 シリアルポートにArduinoがつながっていないときのエラーメッセージ

3 `excepted `;' before `}' token`

文の最後に「；（セミコロン）」がない場合のエラーです。

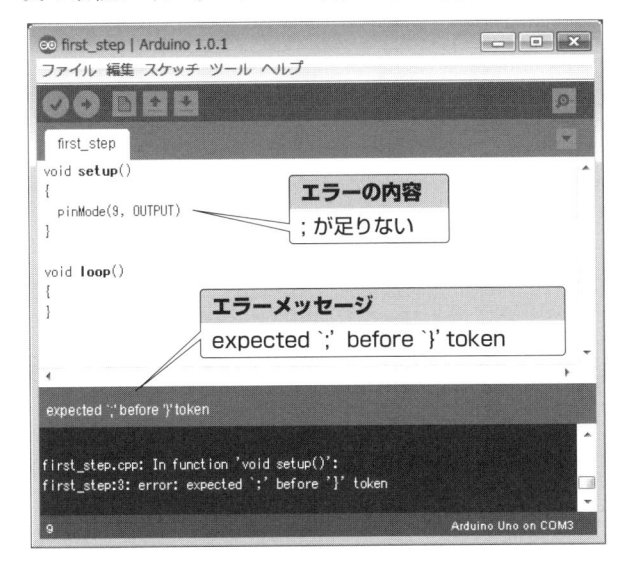

図2.7 ；が足りないときのエラーメッセージ

4 `関数名など' was not declared in this scope

関数がない場合のエラーです。下の図の例だと，pinMode と書かなければならなかったところを pimMode と書いた（n と m の違い）場合などに出てきます。

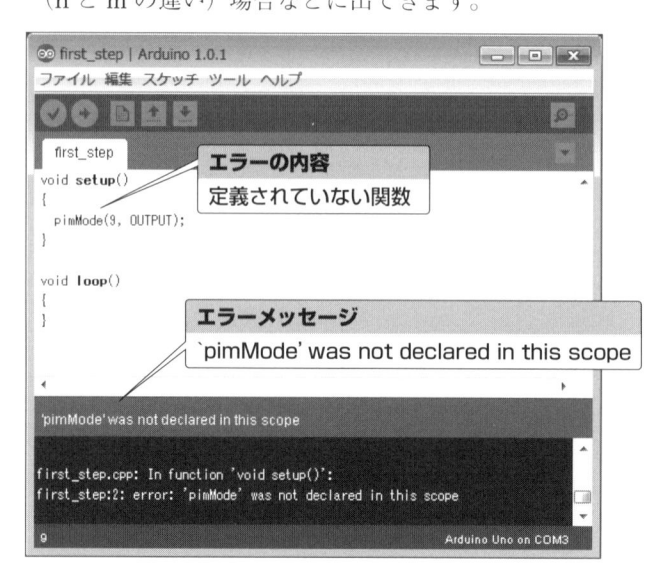

図2.8 関数名をまちがえたときのエラーメッセージ

5 コンパイル時にエラーが発生しました。

この原因を探るのは難しいです。下の図の例だと，loop と書かなければならなかったところを loup と書いた（o と u の違い）場合などに出てきます。loop 関数は特殊な関数なので，**4**で紹介したような「関数名の違いのエラー」になりません。

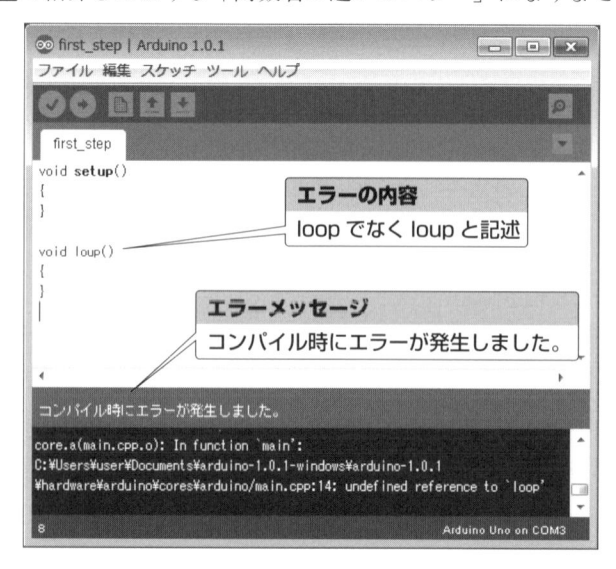

図2.9 原因が特定できないときのエラーメッセージ

2.2 ACアダプターや電池で動かす

Arduino本体を動作させるための電源は，プログラムの書き込みのときに使ったUSBケーブルを接続することでも得ることができます[※]。ただし，実際に何か電子工作を行う時にはいつもパソコンをつないでいるわけにはいきません。そこで，ACアダプターや電池でArduinoを動かす方法を学びましょう。

プログラムは1.7節と同じサンプルプログラムを使います。このプログラムをマイコンボードに書き込んでおいてください。書き込んだプログラムは，USBケーブルを抜いたりACアダプターを抜いたりしても消えずに残っています。ACアダプターや電池をつないだり，USBケーブルでパソコンとつないだりしてArduinoに電源をつなぐとプログラムがはじめから動き出します。

Arduinoに使える電源の電圧は 7〜12V です。本書では9VのACアダプターの使用をお勧めします。

(1) ACアダプターによる動作

ACアダプターを図2.10のように電源ジャックにつなぎます。電源確認用LEDが光り，左上の"L"と書かれたLEDが点滅しましたね。

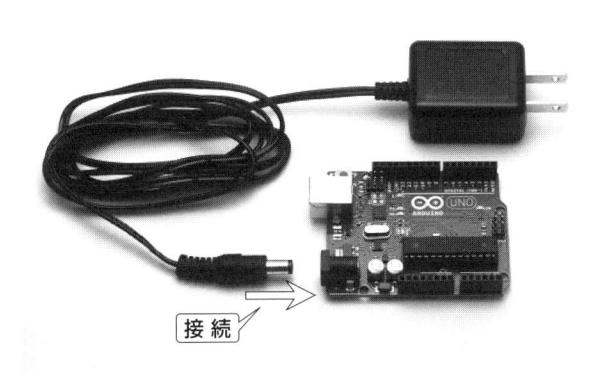

図2.10　電源アダプターの接続

◀注意▶
ACアダプターとこの節で学ぶArduinoの電源用の電池（第9章に出てくるモーターを回すための電池ではありません）を同時に使ってはいけません。

※　LEDの点灯など，少電流のものに限ります。

● 参照する節 ●
1.7節

● 使用するパーツ ●
ACアダプター
電池（角型9V電池）
電池スナップ

『新しく学ぶプログラム』
なし

（2）電池による動作

　角型電池の乾電池は9V，蓄電池は（たいてい）8.4Vとなっていますのでそのまま使えます。単3や単4の電池の場合は7〜12Vとなるように何本かを直列につないでください。これを，図2.11のように，電池スナップを使って次のように接続しましょう。

- マイナス極を"グランドピン"に接続
- プラス極を"Vinピン"に接続

　このとき，電池スナップの先をよじっておかないとなかなかうまく刺さりませんので注意してください[※]。図1.1の写真のような，先端がブレッドボードに刺さるタイプの電池スナップを使うと簡単に実験できます。ACアダプターをつないだ時と同じように，電源確認用LEDが光り，左上のLEDが点滅しましたね。

※ それでも差しにくい場合は，先端にジャンプワイヤーをはんだ付けするか，ジャンプワイヤーにセロテープで固定すると差しやすくなります。

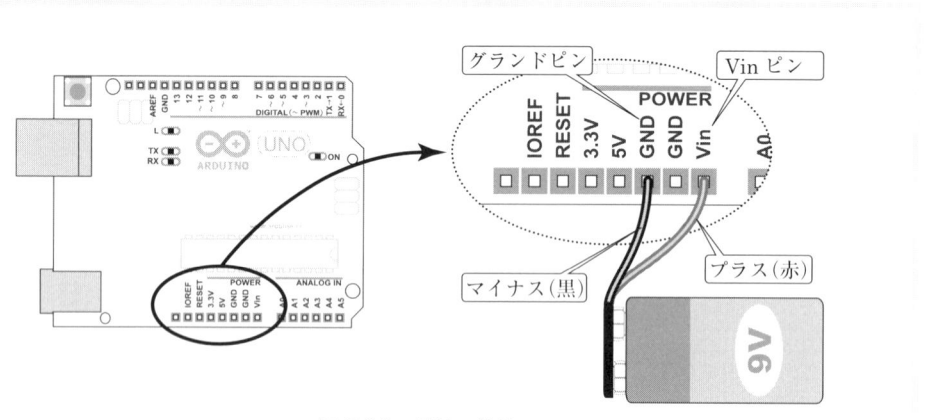

図2.11　電池の接続

第3章 Arduinoから指令を与えよう（出力処理）

　Arduinoを使って電子工作をするときには，Arduinoから電圧を出力する必要があります。たとえば，LEDを光らせたり（本章），モーターを回したり（第9章），ブザーから音を出したり（第10章）するときです。この章では，LEDを光らせたり消したり，明るさを変えたりすることで，Arduinoから出力する電圧をプログラムによって変化させる方法を学びます。

3.1　LEDを光らせたり消したり（デジタル出力）

　ArduinoでLEDを光らせたり消したりしてみましょう。これを行う時には，デジタルピンの出力を使います。まずは，LEDを光らせるプログラムを作成し，そのあとLEDを消すプログラムを作成します。

（1）LEDの点灯

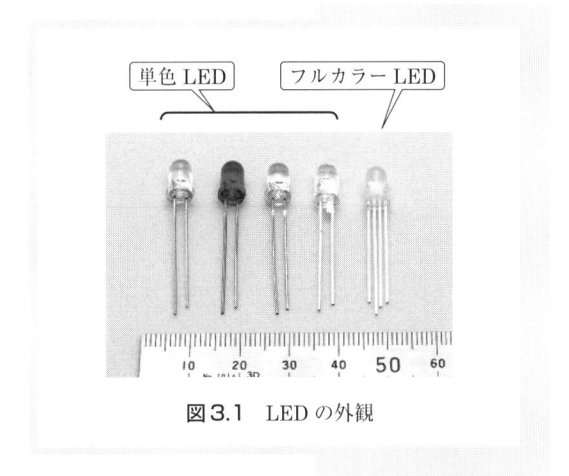

図3.1　LEDの外観（単色LED／フルカラーLED）

新しく学ぶプログラム

pinMode関数

書式　`void pinMode(byte pin, boolen mode)`

説明　*pin*で指定したデジタルピン（0番から13番）を入力に使うのか，出力に使うのかを決めるための関数です。入力として使う時には*mode*を"INPUT"とし，出力として使う時には"OUTPUT"とします。

digitalWrite関数

書式　`void digitalWrite(byte pin, boolen value)`

説明　*pin*で指定した番号のデジタルピンから，*value*を"HIGH"とすると5Vを出力し，"LOW"とすると0Vを出力します。
《注意》 使用するピンをpinMode関数で"OUTPUT"に設定しておくことが必要です。

● 参照する節 ●

2.1節

● 使用するパーツ ●

LED×1
抵抗（330Ω）×1

※LEDに流れる電流を制限するための抵抗が必要です。デジタルピンの出力は5Vで，LEDの順電圧を1.7V（LEDによって異なります）とすると，
　(5V−1.7V)÷330Ω
　=10mA
となり，LEDには10mAの電流が流れます。

作成する回路はLEDと抵抗※を使い，デジタル9番ピンを使ってLEDを光らせたり消したりします。回路図を図3.2(a)に示します。この回路図をブレッドボード上で実現したものが図3.2(b)の展開図となります。Arduinoとブレッドボードをつなぐときには柔らかいジャンプワイヤーを使うことをお勧めします。

プログラムはリスト3.1となります。たった9行でLEDを光らせることができます。簡単ですね。

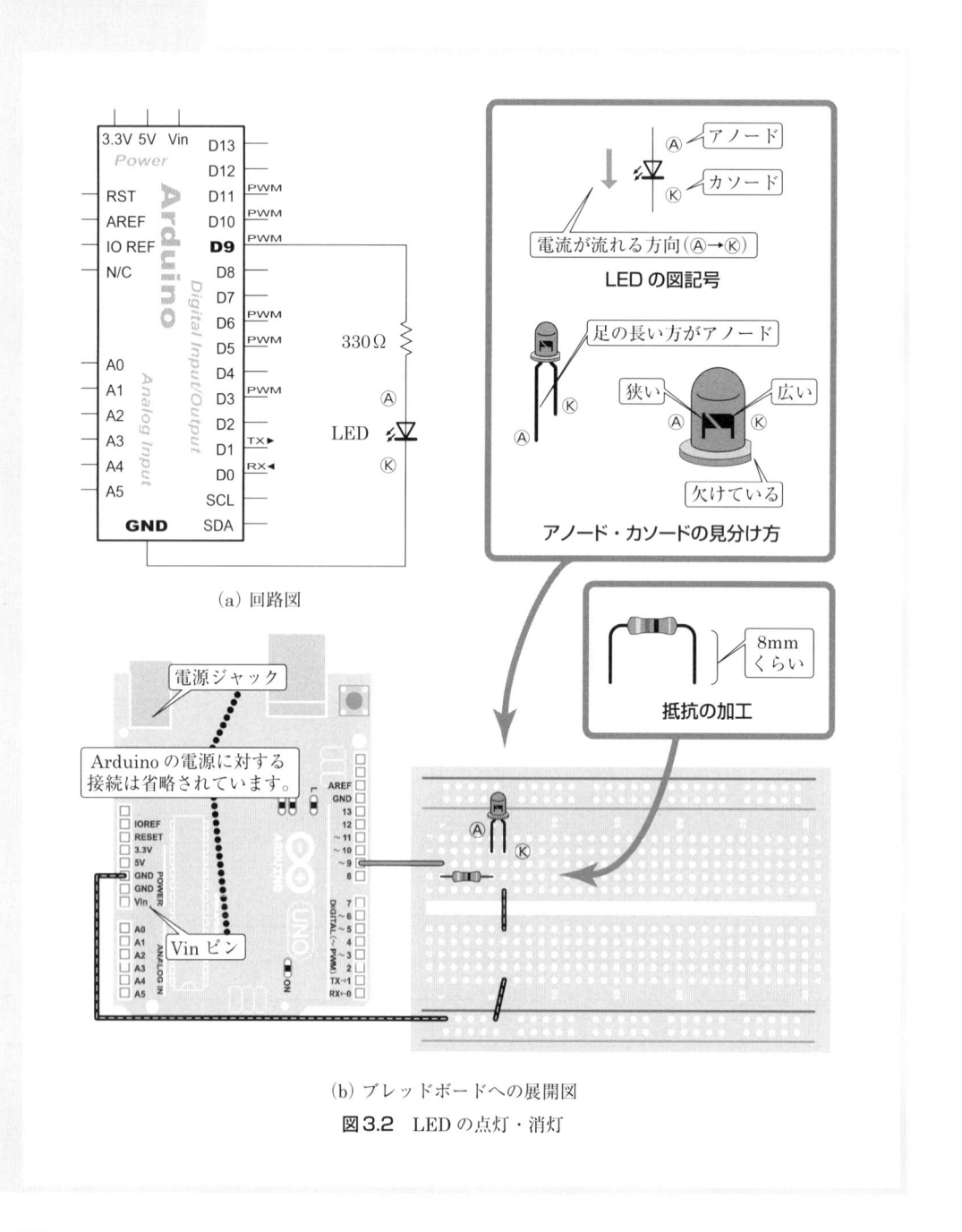

(a) 回路図

(b) ブレッドボードへの展開図

図3.2　LEDの点灯・消灯

▶リスト 3.1 ▶　LED の点灯

```
1  void setup()
2  {
3    pinMode(9,OUTPUT);        // 9番ピンを出力に
4  }
5
6  void loop()
7  {
8    digitalWrite(9,HIGH);     // LED 点灯
9  }
```

プログラムの解説です。

setup 関数と loop 関数の役割は 2.1 節に書いてありましたね。この節ではこれらの関数の中に書いてある内容に注目します。

3 行目の setup 関数の中では『デジタル 9 番ピンを出力ピンとして使う。』という設定が書いてあります。

8 行目の loop 関数の中では『デジタル 9 番ピンを "HIGH（5V を出力)" にする。』という処理が書いてあります。

実行すると，LED が光りましたね[※]。

(2) LED の消灯

次に，その LED を消してみましょう。プログラムをリスト 3.2 に示します。変更点は 8 行目の digitalWrite 関数の 2 番目の引数の "HIGH" と書いてあったところを "LOW" に変えただけです。

この意味は『デジタル 9 番ピンを "LOW（0V)" にする。』となります。

▶リスト 3.2 ▶　LED の消灯

```
1  void setup()
2  {
3    pinMode(9,OUTPUT);        // 9番ピンを出力に
4  }
5
6  void loop()
7  {
8    digitalWrite(9,LOW);      // LED 消灯
9  }
```

実行すると LED が消えましたね。

※ よくある光らない原因は，
・LED を逆さに差し込む
・抵抗値をまちがえている
です。

> **Tips デジタルピンを増やす方法**
>
> デジタルピンは0番から13番までですが，アナログピンの0番から5番をデジタルピンの14番から19番として使用することもできます。使用するためにはpinModeで14番から19番を"INPUT"もしくは"OUTPUT"に設定します。この使用例は7.3節に掲載しています。

3.2　LEDの明るさを変える（アナログ出力）

● 参照する節 ●
3.1節

● 使用するパーツ ●
LED × 1
抵抗（330 Ω）× 1

　LEDの明るさを変化させてみましょう。LEDの明るさを変えるためには電圧を「アナログ的」に変化させればよさそうです。そこで，Arduinoから出力する電圧を変えて，LEDの明るさを変化させます。この動作を行う時は，デジタルピンのうち3，5，6，9，10，11番ピンのいずれかを使う必要があります。

新しく学ぶプログラム

analogWrite 関数

書式	`void analogWrite(byte pin, int value)`
説明	pinで指定した番号のピンの電圧を，valueに0から255までの値を設定することで0Vから5Vまでの電圧を出力します。《注意》使用できるピンはArduinoのボードにPWMを表す"〜"と書かれたデジタルピンの3，5，6，9，10，11番ピンだけです。pinMode関数でOUTPUTに設定しておくことが必要となります。

　回路は3.1節と同じものを用います（図3.2）。

　プログラムはリスト3.3となり，3.1節からの変更点は8行目を『digitalWrite(9,HIGH);』から，『analogWrite(9,127);』にしただけです。

▶リスト 3.3 ▶ LED の明るさの調節

```
void setup()
{
  pinMode(9,OUTPUT);      // 9番ピンを出力に
}

void loop()
{
  analogWrite(9,127);     // LED を暗く光らせる
}
```

プログラムの解説です。

3 行目でデジタル 9 番ピンを出力として使うことを設定しています。

8 行目でアナログ値を出力しています。実行すると，3.1 節で LED を光らせた時よりも LED が少し暗く光ります。この"127"の部分を大きくする（最大 255）と明るくなり，小さくする（最小 0）と暗くなります。

Tips 本当は PWM 出力

Arduino の analogWrite 関数は，実際にはアナログ値ではなく **PWM のデューティー比**を変えたものとなります。この PWM の周波数は Arduino Uno ではデジタル 3，9，10，11 ピンが約 490Hz，デジタル 5，6 ピンが約 980Hz となっています。そこで，本当のアナログ電圧を出力するためには，ローパスフィルタとオペアンプを組み合わせるなどの工夫が必要となります。

第4章 Arduino に状況を伝えよう（入力処理）

何かものを作るときには，スイッチが押されたかどうか判断したり（本章），センサーを使って距離や傾きなどいろいろなものを計測したく（第8章）なりますね。この章では，スイッチが押されたかどうかを判定する方法や，どのくらいの電圧が Arduino のピンにかかっているかを読み取る方法を学びます。

4.1 スイッチで LED を光らせる（デジタル入力）

スイッチを押したとき LED が光り，離したとき LED が消えるプログラムを作りましょう。これを行う時にはデジタルピンを使います。

図4.1 押しボタンスイッチの外観

新しく学ぶプログラム

digitalRead 関数

書式　`int digitalRead(byte pin)`

説明　*pin* で指定したデジタルピン（0番から13番）にかかる電圧が 5V のとき "HIGH" を返し，0V のとき "LOW" を返します。《注意》pinMode 関数で INPUT に設定しておくことが必要となります。

● 参照する節 ●
3.1節

● 使用するパーツ ●
LED×1
抵抗（330 Ω）×1
押しボタンスイッチ×1
抵抗（10k Ω）×1

回路を図 4.2 に示します。これは 3.1 節の回路にスイッチを付け加えた回路となっています。スイッチが押されていない時には 5V とつながるため，デジタル 2 番ピンは 5V（HIGH）となります。そして，スイッチが押されるとグランド（GND）とつながるためデジタル 2 番ピンは 0V（LOW）となります。

プログラムをリスト 4.1 に示します。このプログラムは，LED を光らせたり消したりする部分は 3.1 節を用いて，スイッチが押されたかど

(a) 回路図

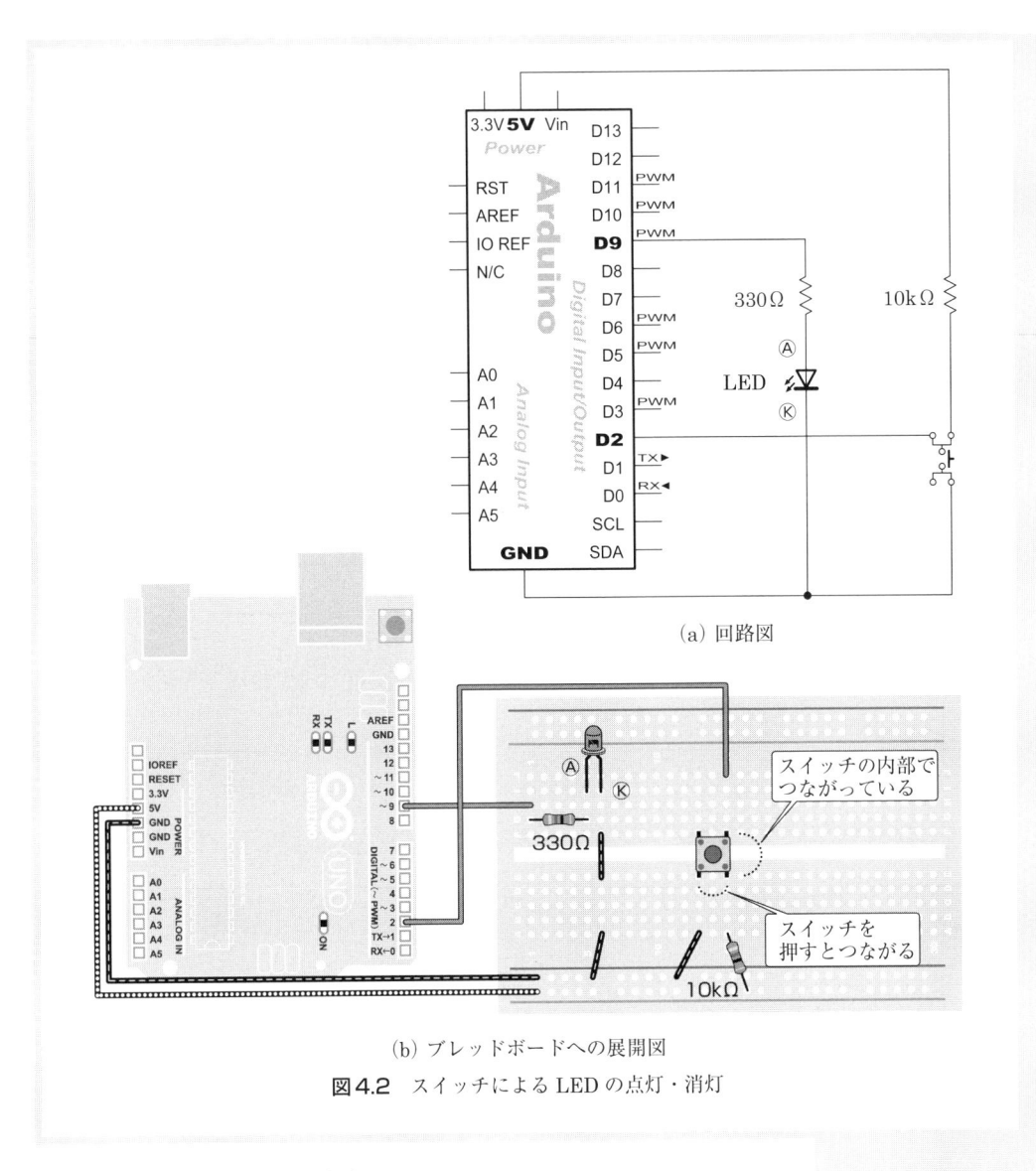

(b) ブレッドボードへの展開図

図4.2 スイッチによるLEDの点灯・消灯

うかの判定を付け加えています。

▶リスト4.1 ▶ スイッチの判定

```
1   void setup()
2   {
3     pinMode(9,OUTPUT);      // 9番ピンを出力に
4     pinMode(2,INPUT);       // 2番ピンを入力に
5   }
6
7   void loop()
8   {
9     if(digitalRead(2)==LOW) // スイッチが押されているか？
10      digitalWrite(9,HIGH); // 押されていればLEDを点灯
11    else
12      digitalWrite(9,LOW);  // 押されていなければLEDを消灯
13  }
```

プログラムの解説です。

4行目のsetup関数の中の`pinMode(2,INPUT)`で『デジタル2番ピンを入力に使うこと』を設定しています。

9行目のloop関数の中の`digitalRead(2)`でデジタル2番ピンが"HIGH（5V）"か"LOW（0V）"を調べます。その値をif文により判定することで，次のことを行います。

- スイッチを押すとデジタル2番ピンが"LOW"となるため，LEDが光る
- スイッチを離すとデジタル2番ピンが"HIGH"となるため，LEDが消える

実行すると，スイッチによってLEDを光らせたり消したりできましたね[※]。

※ スイッチ入力がうまくいかない原因として，スイッチの向きのまちがえ，抵抗の入れ忘れがよくあります。

4.2 ボリュームでLEDの明るさを変える（アナログ入力）

ボリュームとは可変抵抗とも呼ばれ，つまみを回したり動かしたりすることで，その抵抗値を変化させることができます。抵抗値が変化すると電圧も変化します。この節では，アナログピンを使ってボリュームを回すことでLEDの明るさを変化させます。

図4.3 ボリュームの外観

● 参照する節 ●
3.1節，3.2節

● 使用するパーツ ●
LED×1
抵抗（330Ω）×1
ボリューム（10kΩ）×1

新しく学ぶプログラム

analogRead関数

書式	`int analogRead(byte pin)`
説明	*pin*で指定したアナログピン（0番から5番）にかかる0Vから5Vまでの電圧を0から1023の値として返します。《注意》 pinMode関数で設定してはいけません。

回路を図 4.4 に示します。これは 3.1 節の回路にボリュームを付けたものとなります。ボリュームは真ん中のピンの抵抗値が変わるようにできていますので，真ん中のピンとアナログ 0 番ピンをつないでいます。

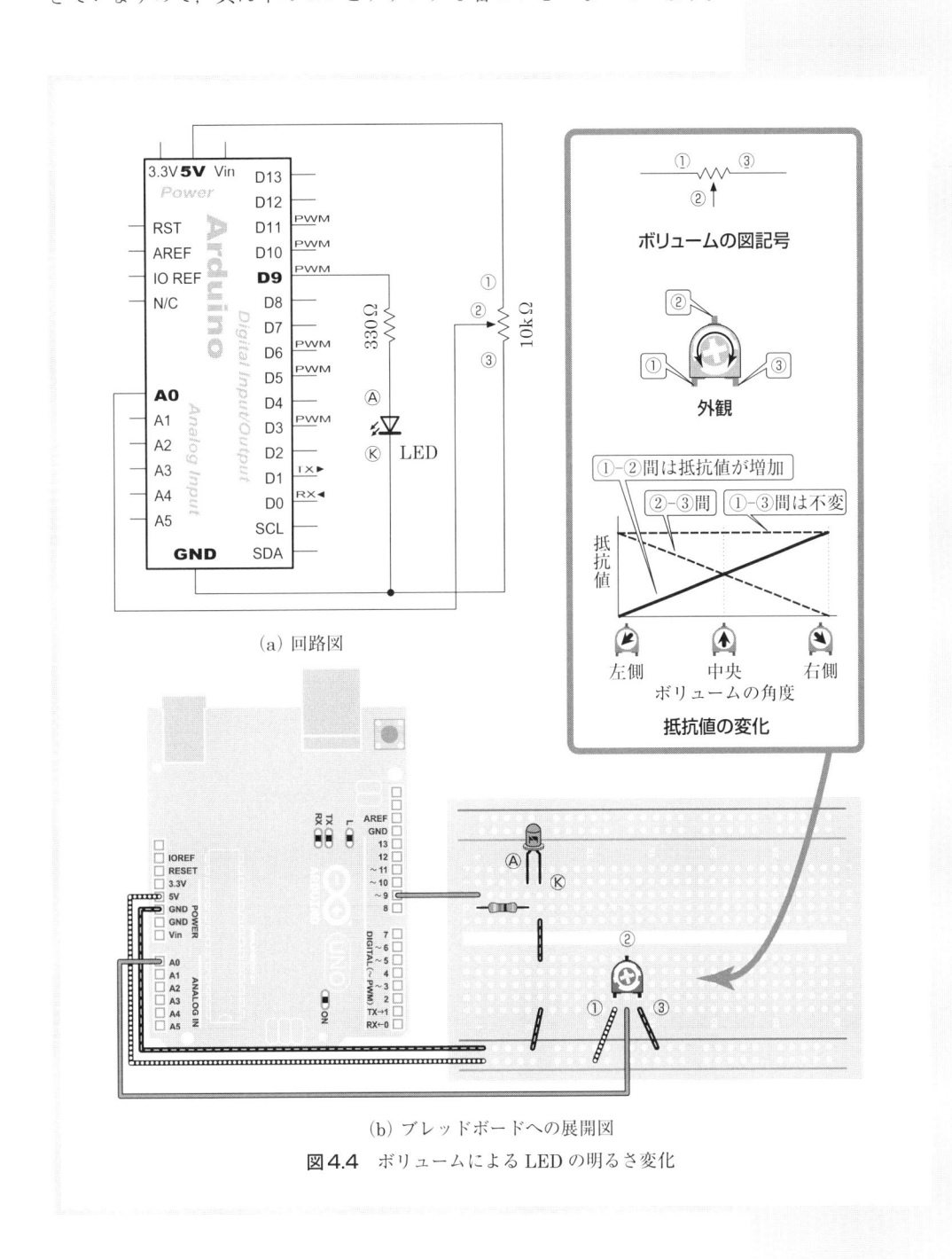

(a) 回路図

(b) ブレッドボードへの展開図

図 4.4　ボリュームによる LED の明るさ変化

プログラムをリスト 4.2 に示します。

▶リスト 4.2 ▶　ボリュームで LED の明るさを変える

```
1   void setup()
2   {
3     pinMode(9,OUTPUT);      // 9番ピンを出力に
4   }
5
6   void loop()
7   {
8     int val;
9     val=analogRead(0);      // ボリュームにかかる電圧を読み込む
10    analogWrite(9,val/4);   // その値によってLEDの明るさを変える
11  }
```

プログラムの解説です。

アナログ値を読み込むためには setup 関数の中で pinMode 関数を用いてアナログ 0 番ピンの設定をしてはいけません。

9 行目の loop 関数の中の analogRead 関数でアナログ 0 番ピンにかかる電圧を読み取って，val という変数に代入しています。val に入力される値は 0 から 1023 までです。

10 行目では val の値を 1/4 して 0 から 255 までの数に変換してから analogWrite 関数に与えています。1/4 にしている理由は analogWrite 関数で設定できる範囲は 0 から 255 までだからです。

実行すると，ボリュームを回すことによって LED の明るさが変わりましたね。

第5章 パソコンと連携させてみよう（シリアル通信）

Arduino はパソコンとも簡単に通信をすることができます。通信ができると Arduino につないだセンサーなどの値をパソコンに読み込んだり，パソコンから Arduino に指令を与えたり，プログラム中の変数の値をパソコンに送ることでプログラムのミスを発見しやすくなったりなど多くのメリットがあります。この章では Arduino からパソコンにデータを送る方法と，パソコンから Arduino にデータを送る方法を学びましょう。

5.1 ボリュームの値を知る（シリアル出力）

ボリュームを回した時，どの程度の値が Arduino に入力されているのかパソコンの画面上で確認することを通して通信の方法を学びます。パソコンで Arduino の変数が確認できることはとても有用ですので，ぜひマスターしましょう。

新しく学ぶプログラム

Serial.begin 関数

書式	`void Serial.begin(long rate)`
説明	パソコンとシリアル通信を行うときの転送速度を設定します。rate には 9600，19200，115200 などの値が設定できます。通常は 9600 をお勧めします。

Serial.println 関数

書式	`void Serial.println(data)`
説明	シリアル通信でデータを送る関数で，引き数には様々な型（int，long，double[※]，char など）が使えます。この関数は**改行コード付き**で送信します。 《注意》Serial.begin 関数で通信の設定をしておく必要があります。

●参照する節●

4.2 節

●使用するパーツ●

ボリューム（10kΩ）×1

※ 引き数 double の場合は 2 つ目の引き数を設定できます。この 2 つ目の引き数は送信する小数部の桁数です。設定しない場合は 2 となっています。使用例はリスト 5.3 に掲載してあります。

Serial.print 関数

書式	`void Serial.print(data)`
説明	**println** とほぼ同じですが，違いは**改行コードなし**で送信する点です。 《注意》Serial.begin 関数で通信の設定をしておく必要があります。

　回路を図 5.1 に示します。この回路は図 4.4 の回路から LED と抵抗を取り除いたものとなります。図 5.1 ①で抵抗を変化させ（電圧が変化する）て，②の Arduino で電圧を読み取ります。③のように，読み取った値を**シリアルモニタ**に表示しています。

　プログラムをリスト 5.1 に示します。

▶**リスト 5.1 ▶ Arduino からパソコンへの通信**

```
1  void setup()
2  {
3    Serial.begin(9600);      // 通信速度を 9600bps に
4  }
5
6  void loop()
7  {
8    int val;
9    val=analogRead(0);       // ボリュームにかかる電圧を読み込む
10   Serial.print("analog value = ");    // 文字を送信
11   Serial.println(val);     // 値を送信
12 }
```

　プログラムの解説です。

　3 行目では「**シリアル通信を転送速度 9600bps で行います。**」という設定をしています。

　9 行目は 4.2 節と同様にアナログ 0 番ピンに接続されたボリュームの値を `analogRead(0)` で読み取って，val という変数に代入しています。

　10 行目の Serial.print 関数では「analog value = 」という文字をパソコンに送っています。

　11 行目では val の値を改行コード付きでパソコンに送っています。

　このプログラムを実行して，図 5.2 に示すウインドウの右上にあるシリアルモニタのボタン（ ）を押すと，図 5.2 の右側のようなシリアルモニタが現れます。ボリュームを回すとシリアルモニタに表示される値が変わりましたね。

(a) 回路図

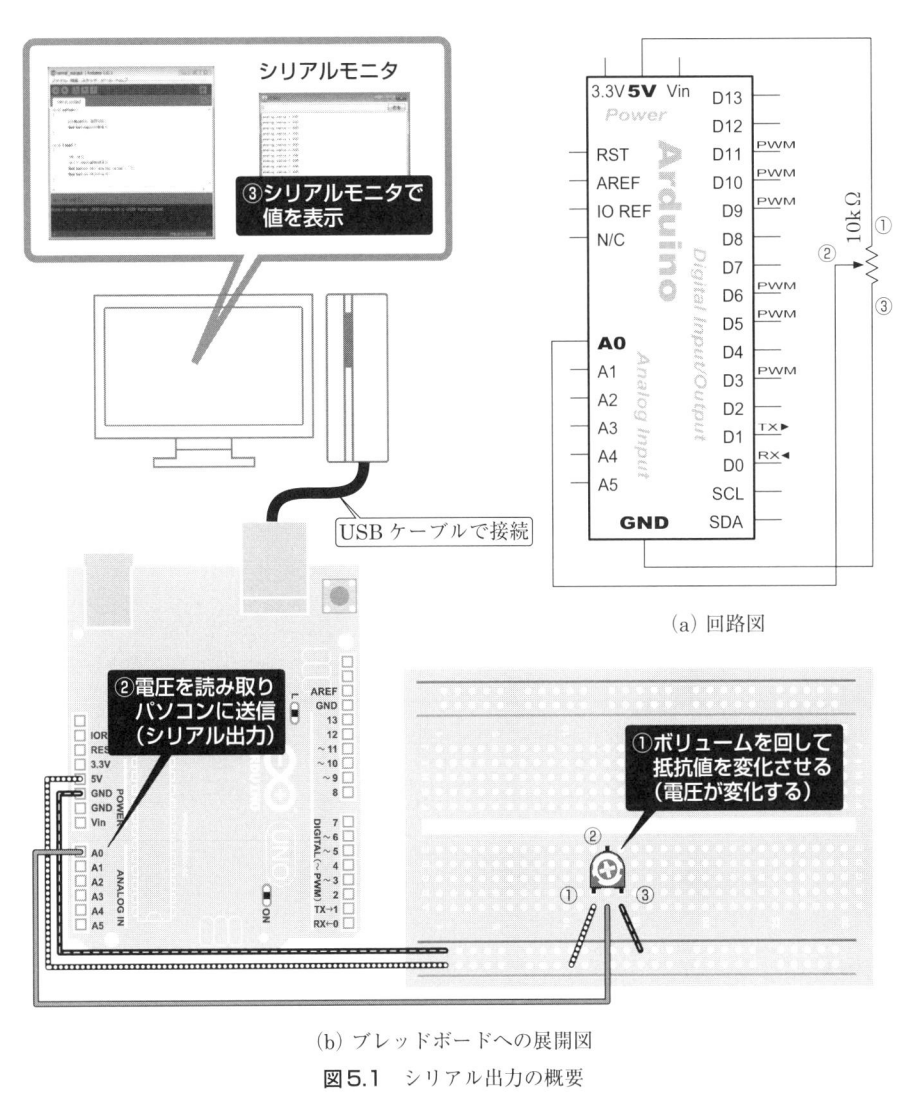

(b) ブレッドボードへの展開図

図5.1　シリアル出力の概要

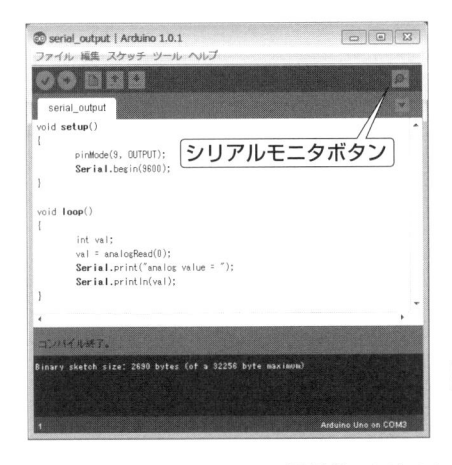

図5.2　シリアルモニタで値の確認

> **Tips 転送速度**
>
> 通信で使用できる速度は，以下のようにとびとびの値になっています。その中でもよく使われる転送速度を下線で示しています。
>
> 110, 300, 600, 1200, 2400, 4800, <u>9600</u>, 14400, <u>19200</u>, 38400, 57600, <u>115200</u>, 230400, 460800, 921600
>
> プログラム中で転送速度を変更した場合は，図5.2のシリアルモニタの右下にある9600bpsの右の▼をクリックしてシリアルモニタ転送速度も変更する必要があります。

5.2 キーボードでLEDを光らせる（シリアル入力）

● 参照する節 ●
3.1節，3.2節，5.1節

● 使用するパーツ ●
LED×1
抵抗（330Ω）×1

パソコンのキーボードからの入力によって，ArduinoにLEDに指令を与えてLEDの明るさを変えてみましょう。パソコンからArduinoに指令を与えて操作できると，より面白い電子工作ができるようになりそうですね。まずは，Arduinoが1文字を受け取る方法を学びます。そのあと，数字を受け取る方法を学びます。

新しく学ぶプログラム

Serial.avalable 関数	
書式	`int Serial.avalable()`
説明	シリアル通信によってデータが送られてきたとき，まだ読み込んでないデータのバイト数が戻り値として得られます。 **《注意》** Serial.begin関数で通信の設定をしておく必要があります。

Serial.Read 関数	
書式	`int Serial.Read()`
説明	シリアル通信によって送られたデータを1文字だけ読み込みます。 **《注意》** Serial.begin関数で通信の設定をしておく必要があります。

Serial.parseInt 関数

書式　`int Serial.parseInt()`

説明　シリアル通信によってデータが送られてきたとき，整数（int）型の値に変換して返します。1秒以内に送信がなされないと0を返してタイムアウトします。
《注意》Serial.begin 関数で通信の設定をしておく必要があります。

Serial.parseFloat 関数

書式　`float Serial.parseFloat()`

説明　シリアル通信によってデータが送られてきたとき，浮動小数点（float）型の値に変換して返します。1秒以内に送信がなされないと0を返してタイムアウトします。
《注意》Serial.begin 関数で通信の設定をしておく必要があります。

回路は LED を1つだけ使った回路で，図 3.2（28 ページ）と同じです。
まずは，文字の受け取り方です。そのプログラムをリスト 5.2 に示します。

▶リスト 5.2 ▶　パソコンから Arduino への通信（1文字）

```
void setup()
{
  pinMode(9,OUTPUT);        // 9番ピンを出力
  Serial.begin(9600);       // 転送速度を 9600bps
}

void loop()
{
  char val;
  if(Serial.available()>0){ // データが送られてきたか確認
    val=(char)Serial.read();// 1文字読み込む
    if(val=='a')            // "a" ならば，
      analogWrite(9,255);   //     明るく光らせる
    else if(val=='b')       // "b" ならば，
      analogWrite(9,63);    //     暗く光らせる
    else                    // それ以外ならば，
      analogWrite(9,0);     //     消す
  }
}
```

プログラムの解説です。

10行目ではシリアル通信で文字が送られてきたかどうかをSerial.available関数で確認します。送られてきたデータがあれば，11行目のSerial.read関数で読み取り，val変数に代入します。

12行目以降のif文では文字を判定し，明るさを変更します。"a"を受信すると明るく光り，"b"を受信すると暗く光り，それ以外の文字だと消えるようになっています。

それでは実行してみましょう。5.1節と同じように，実行してからシリアルモニタボタンを押して図5.3のようにシリアルモニタを表示します。まず，右下にある改行コードを設定するボックスを改行なしにしてください（図5.3①）。

次に，この図5.3に示すシリアルモニタの上の方のテキストボックスに文字を一文字入れてから，右の送信ボタン（またはキーボードのEnterキー）を押す（図5.3②，③）と，その文字がシリアル通信によってArduinoに送られます。

"a"や"b"，"その他の文字"を送ってみましょう。

LEDの明るさが変わったり，消えたりします。

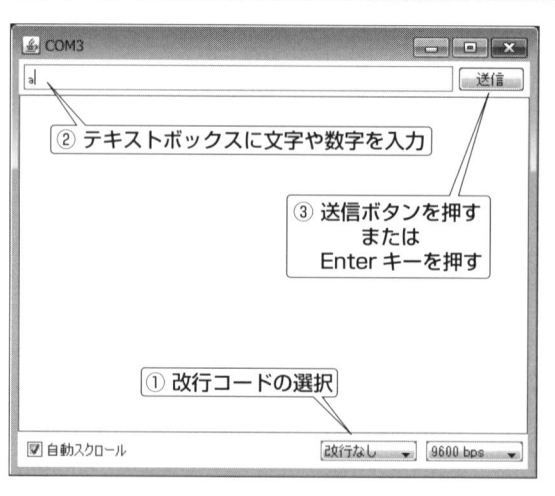

図5.3 シリアルモニタから送信

次に，数字を送ります。そして，その数字の大きさによってLEDの明るさを変えてみましょう。回路は同じものを用います。そのプログラムをリスト5.3に示します。

▶リスト 5.3 ▶　パソコンから Arduino への通信（int 型）

```
1   void setup()
2   {
3     pinMode(9,OUTPUT);          // 9番ピンを出力
4     Serial.begin(9600);         // 転送速度を9600bps
5   }
6
7   void loop()
8   {
9     int val;
10
11    if(Serial.available()>0){   // データが送られてきたか確認
12      val = Serial.parseInt();  // データを整数型にする関数
13      analogWrite(9,val);       // valの値によってLEDの明るさを変える
14    }
15  }
```

プログラムの解説です。

12 行目でシリアル通信で送られたデータを int 型の整数値に変換して val に代入します。

13 行目では val の値によって LED の明るさを変えています。

0 から 255 までの数字を送ると，LED の明るさが変わりましたね。

なお，この関数はマイナスの値も送ることができます。

Tips　小数部のある値を送る

小数部のある値を送りたいときには Serial.parseFloat 関数を使います。この関数は Serial.parseInt 関数と同様ですが戻り値が float になります。そのプログラムをリスト 5.4 に示します。

▶リスト 5.4 ▶　パソコンから Arduino への通信（float 型）

```
1   void setup()
2   {
3     Serial.begin(9600);            // 転送速度を9600bps
4   }
5   void loop()
6   {
7     float val;
8
9     if(Serial.available()>0){      // データが送られてきたか確認
10      val = Serial.parseFloat();   // データを浮動小数点（float）型にする関数
11      Serial.println(val,5);       // 小数点以下5桁でシリアルモニタに表示
12    }
13  }
```

第6章 プログラムの時間に注目しよう

プログラムの途中で時間を少しだけ待ったり，一定の時間間隔で何かの処理を行ったりということは，いろいろな場面で必要になります。たとえば，LEDをゆっくり点滅させるときや，一定間隔でセンサーの値を読み取るとき，ロボットを制御するときなどです。本章ではLEDを点滅させるプログラムを通して，プログラムの時間をコントロールする方法を学びましょう。

6.1 時間を待つ

● 参照する節 ●
3.1節

● 使用するパーツ ●
LED × 1
抵抗（330 Ω）× 1

Arduinoのプログラムは，ものすごい速さで動作しています。LEDを点滅させようとしても本節で学ぶ内容を使わなければ，「目にもとまらぬ速さ」のため点滅しているようには見えません。

この節では，時間を待つことをうまく使って，ゆっくり点滅させてみましょう。

新しく学ぶプログラム

delay 関数

書式	`void delay(unsigned ms)`
説明	`ms` で指定した時間だけ時間を待ちます。単位はミリ秒（1000分の1秒）です。

回路は3.1節と同じものを使用します（28ページの図3.2）。

プログラムをリスト6.1に示します。

▶リスト6.1▶ 時間待ちでLEDをゆっくり点滅

```
1  void setup()
2  {
3    pinMode(9,OUTPUT);       // 9番ピンを出力に
4  }
5
6  void loop()
7  {
8    digitalWrite(9,HIGH);    // LED点灯
```

```
 9      delay(500);                    // 0.5 秒待つ
10      digitalWrite(9,LOW);           // LED 消灯
11      delay(500);                    // 0.5 秒待つ
12    }
```

プログラムの解説です。

9行目と11行目にはdelay(500)と書いてあります。これにより500ミリ秒（0.5秒）待つことになります。

8行目で光って，9行目で0.5秒待ちます。そして，10行目で消えて，また0.5秒待ちます。これを連続して行うので，LEDが0.5秒ごとに点滅します。実行するとチカチカLEDが点滅しましたね。

> **Tips** 他の時間待ち関数
>
> マイクロ秒（1000000分の1秒）単位で時間待ちをするdelayMicroseconds関数があります。この使用例は8.5節に示します。

6.2　タイマーを使う

電子工作をしていると，決まった時間ごとになにか処理をしたくなること（たとえば1秒ごとにセンサーの値を読むなど）はよくあります。これはタイマーの**ライブラリ**をインターネットから入手すると，とても簡単にできます。この節ではタイマーの使い方だけでなく，ライブラリの入手方法とその使い方も学びます。

● 参照する節 ●
1.3節，3.1節

● 使用するパーツ ●
LED×1
抵抗（330Ω）×1

新しく学ぶプログラム

MsTimer2::set 関数

書式	`void MsTimer2::set(unsigned long ms, void (*function)())`
説明	*ms* で指定した時間間隔で *function* で指定した関数を呼び出すように登録します。単位はミリ秒（1000分の1秒）です。

MsTimer2::start 関数

書式	`void MsTimer2::start()`
説明	タイマーをスタートさせます。

※ MsTimer2の関数はMsTimer2という名前空間の中で定義されています。そのため『MsTimer2::』を付けて関数を呼び出す必要があります。

MsTimer2::stop 関数	
書式	`void MsTimer2::stop()`
説明	タイマーをストップさせます。

まずは，ライブラリを入手する必要があります。図6.1のようにArduinoのホームページ上の方にある「Reference」をクリックしたあ

図6.1 ライブラリダウンロード（手順1）

図6.2 ライブラリダウンロード（手順2）

と，図 6.2 のように「Libraries」をクリックすると，ライブラリをダウンロードできるページが表示されます。

その中から図 6.3 のように「MsTimer2」をクリックすると図 6.4 となります。

中段にある「MsTimer2.zip」をクリックして「名前を付けて保存」を選びます（図 6.4）。保存先はドキュメントフォルダとしました。そのダウンロード先のフォルダを開いてから 1.3 節と同様に「MsTimer2.

図 6.3　ライブラリダウンロード（手順 3）

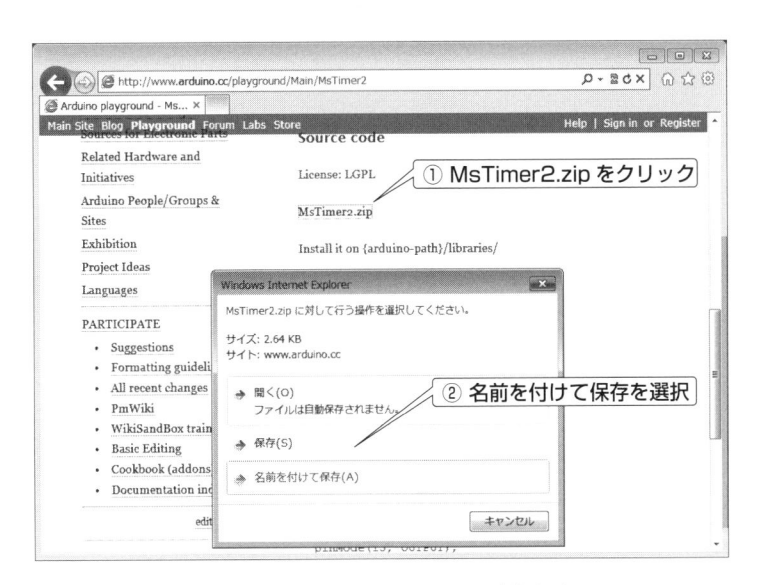

図 6.4　ライブラリダウンロード（手順 4）

zipファイルを右クリックで展開」を選びます。図 6.5 のように展開後にできた MsTimer2 フォルダの中の「MsTimer2 フォルダ」を Arduino のインストールフォルダの中にある「Libraries」に移動します。

　ここまでの手順ができているか確認してみましょう。Arduino の開発環境を起動して図 6.6 のようにメニューバーのスケッチの中の「ライ

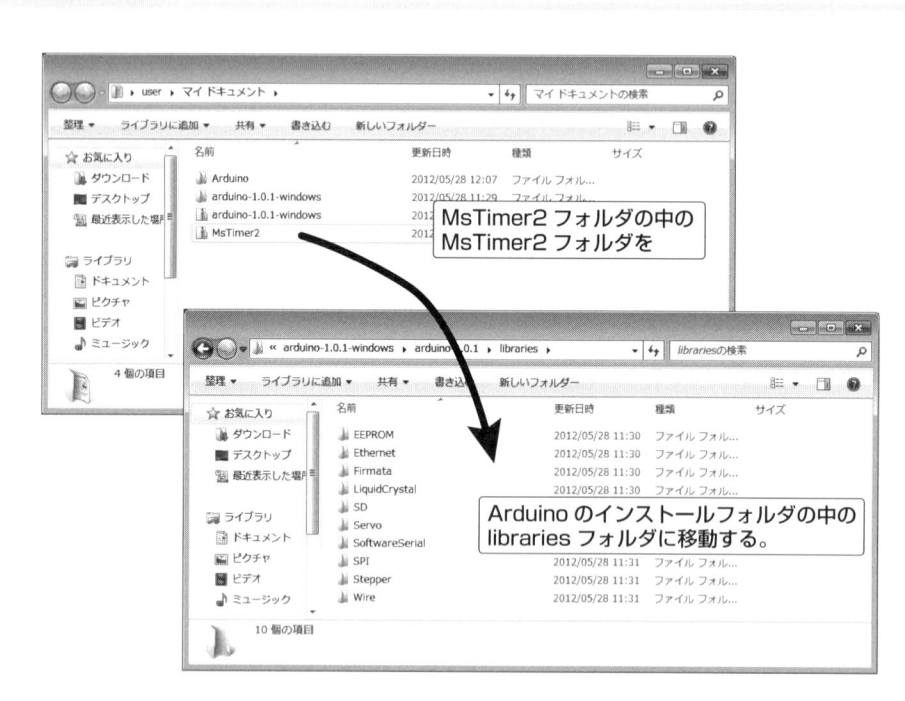

図6.5　ライブラリダウンロード(手順 5)

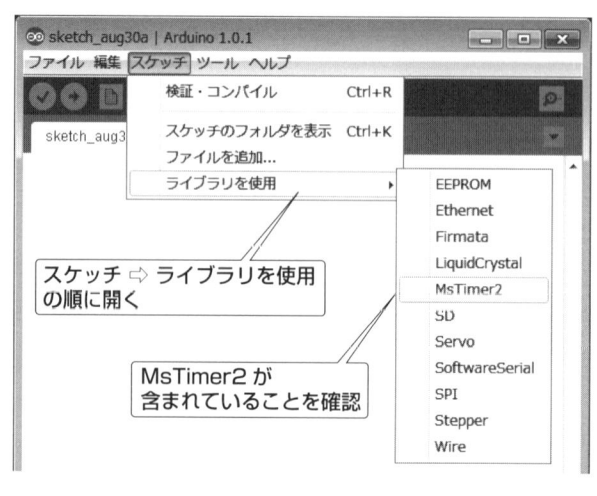

図6.6　ライブラリの確認

ブラリを使用」の中に「MsTimer2」があればOKです。

それではこのライブラリを使ったプログラムを作りましょう。

回路は3.1節と同じものを用います（28ページの図3.2）。

プログラムをリスト6.2に示します。

▶リスト6.2▶ タイマーを使ってLEDをゆっくり点滅させる

```
1   #include <MsTimer2.h>
2
3   void flush(){
4     static boolean flag=HIGH;    // LEDの点滅判定用
5
6     if(flag==HIGH)
7       flag=LOW;                  // flag変数がHIGHならLOWに
8     else
9       flag=HIGH;                 // そうでなければHIGHに
10    digitalWrite(9,flag);        // flag変数に従って9番ピンのLEDを光らせる
11  }
12
13  void setup(){
14    pinMode(9,OUTPUT);
15    MsTimer2::set(500,flush);    // 500ミリ秒ごとにLEDを点滅させる関数を呼び出す
16    MsTimer2::start();           // タイマーのスタート
17  }
18
19  void loop(){
20  }
```

※ static修飾子を付けると関数が終わっても値を保持し続けることができます。

プログラムの解説です。

1行目に#include <MsTimer2.h>と宣言しています。これは，MsTimer2というライブラリを使うときに必要となります。

15行目では500ミリ秒（0.5秒）ごとにflushという関数を呼ぶことを設定しています。この設定は特殊で，MsTimer2のうしろにコロンを2つ（スコープ演算子）付けてから，set(500,flush)と書きます。

16行目ではタイマーをスタートさせて0.5秒ごとにflush関数を呼ぶことを許可しています。これも同様にMsTimer2のうしろにコロンを2つ付けてから書きます。

19行目のloop関数は何もしていません。

3行目から11行目がタイマーによって0.5秒ごとに実行されるflush関数です。flagの値によってLEDを光らせるか消すかを判定しています。

6行目のif文ではflagの値が"HIGH"なら"LOW"，そうでなければ8行目のelse文でflagを"HIGH"にしています。

10 行目で flag の値にしたがってデジタル 9 番ピンに接続した LED を光らせたり消したりしています。

これを実行すると 6.1 節と同様に LED が 0.5 秒ごとに点滅しますね。

> **Tips 時間待ちとタイマーの違い**
>
> 6.1 節と 6.2 節は，ともに LED の点滅を行っただけなので，実行した結果にたいした違いが見られませんでした。ちょっと複雑ですが，0.1 秒かかる処理を 0.5 秒間隔で行わせることを考えてみましょう。図 6.7 と合わせて読んでください。
>
> まず，6.1 節の『**時間待ち**』の方法では 0.1 秒の処理を行った後に 0.5 秒待つという処理を繰り返すこととなります。そのため，全体では 0.6 秒おきにプログラムが実行されます。処理の時間をあらかじめ正確に計っておけばよいと思うかもしれませんが，プログラムでは条件文などがたくさんあり，必ずしも正確な時間というのは計れないのです。
>
> 次に，6.2 節の『**タイマー**』の方法では，処理が何秒であっても（タイマーで設定している周期よりも短いことが前提ですが），0.5 秒間隔で実行されます。このような違いがありますので，用途に応じて使い分けるとよいでしょう。
>
> **図 6.7** 時間待ちとタイマーの違い

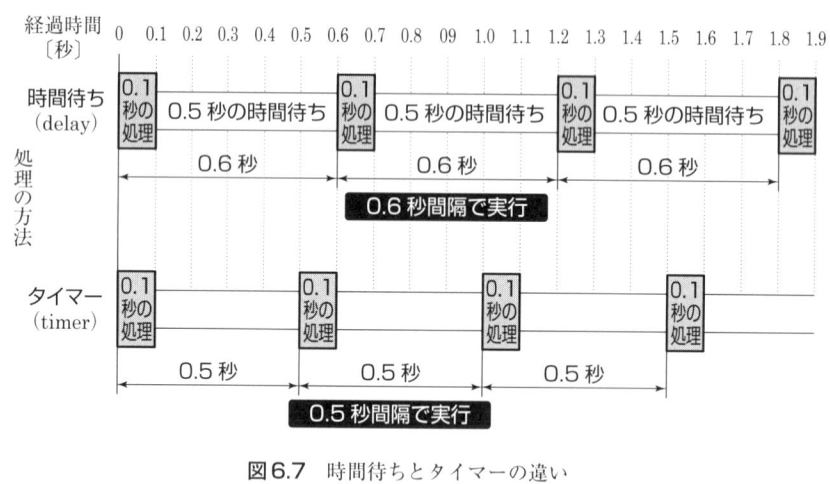

6.3 時間計測

プログラムの実行時間を計りたい場合があります。たとえば，ボタンを押している間の時間を計る場合や，8.5 節の超音波センサーを使う場合などです。この節ではスイッチを押している時間を計測してみましょう。

新しく学ぶプログラム

pulseIn 関数

書式 `unsigned long pulseIn(byte pin, byte value, unsigned timeout)`

説明 *pin* で指定したピンの電圧が *value* を
・"HIGH" とした場合：HIGH になってから LOW
・"LOW" とした場合：LOW になってから HIGH
に変わるまでの間の時間をマイクロ秒単位で計測します。計測できる長さはだいたい 10 マイクロ秒で最大長さは *timeout* で設定した時間までです※。実際にうまく動作する *timeout* の長さは約 3 分です。

● 参照する節 ●
4.1 節, 5.1 節, 6.1 節

● 使用するパーツ ●
スイッチ×1
抵抗（10kΩ）×1

※ timeout は省略することもできます。その場合は1秒となります。

回路は 4.1 節の図 4.2（33 ページ）と同じものを使います。ただし，LED と抵抗は使いません。

プログラムをリスト 6.3 に示します。

▶リスト 6.3 ▶ スイッチを押している間の時間計測

```
1  void setup()
2  {
3    pinMode(2,INPUT);    // 2番ピンを入力に
4    Serial.begin(9600); // 通信速度を9600bpsに
5  }
6
7  void loop()
8  {
9    unsigned long d;       // 計測した時間を保存する変数
10   d=pulseIn(2,LOW);      // ボタンを押してから離すまでの時間計測
11   Serial.println(d);     // 計測した時間をシリアルモニタに表示
12
13   delay(100);            // 0.1 秒待つ
14 }
```

プログラムの解説です。

10 行目でデジタル 2 番ピンが「"LOW" になった瞬間から "HIGH" になるまで」の時間を計測し，d という変数に代入しています。ここでは timeout の値を省略しています。

11 行目でそれをパソコンに送っています。

実行するとスイッチを押している時間※がシリアルモニタに表示されましたね。この時間を計る方法は，電子工作に慣れてくるとけっこう役に立つ場面がありそうですね。

※ このプログラムでは1秒以内の時間が測れます。たとえば 10 秒にかえたい場合は 10 行目を
`d=pulseIn(2,LOW,100000);`
に変更してください。

第7章 表示デバイスを使おう

　パソコンを使わずにデータを表示したいことがありますね。その時には，液晶ディスプレイや LED ディスプレイが役に立ちます。この章ではこれらの使い方を学びましょう。

7.1 液晶ディスプレイ（LCD）

　液晶ディスプレイといっても，テレビや携帯電話に使われているカラフルできれいな絵が表示できるものでなく，腕時計や電卓に使われている昔ながらの白黒で表示される液晶を対象とします。この節では電子工作でよく用いられるタイプの液晶ディスプレイ※の使い方を学びましょう。

図 7.1　液晶ディスプレイ（LCD）の外観

● 参照する節 ●
6.1 節，6.2 節

● 使用するパーツ ●
液晶ディスプレイ×1

※ 本書で使用する液晶ディスプレイの型番はSC1602で，16文字×2行のものです。コネクタの接続にはんだ付けが必要です。「HD44780互換」であれば他のものも同様に使えます。ブレッドボードでも使いやすいようにコネクタのピンが1列に配置されているタイプもあります。

新しく学ぶプログラム

LiquidCrystal クラス

インスタンス	`LiquidCrystal(byte RS, byte E, byte DB4, byte DB5, byte DB6, byte DB7)`
説明	液晶ディスプレイのピンと接続する Arduino のピンの番号を設定します。
メソッド	`void begin(byte cols, byte rows)`
説明	液晶ディスプレイの1行に表示できる文字数（*cols*）と行数（*rows*）を設定します。
メソッド	`void setCursor(byte col, byte row)`
説明	カーソルの位置を指定することで，文字の書き始めの位置を設定できます。*col* は文字数，*row* は行数です。
メソッド	`void print(type data)`
説明	*data* に書かれた文字列を表示します。type で設定できる型は char，byte，int，long と string です。

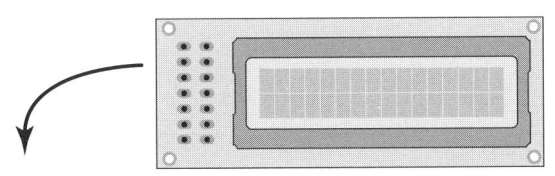

液晶ディスプレイのピンの役割

ピン	名称	説明
⑭	DB7	データバス
⑫	DB5	データバス
⑩	DB3	データバス
⑧	DB1	データバス
⑥	E	イネーブル
④	RS	レジスタ選択
②	V_{SS}	グランド

ピン	名称	説明
⑬	DB6	データバス
⑪	DB4	データバス
⑨	DB2	データバス
⑦	DB0	データバス
⑤	R/W	リード/ライト
③	VO	コントラスト調整
①	V_{DD}	電源

(a) コネクタ番号とピンの役割

(b) 表示位置

図 7.2 液晶ディスプレイ

液晶ディスプレイには図 7.2(a) のように 14 個のピンが付いています。それぞれの名称と役割を図中の表に示します。カーソルの位置を指定するときには，図 7.2(b) のように指定します。

回路を図 7.3 に示します。この液晶ディスプレイのピンと Arduino の接続[※]は，5V ピンとグランドピン以外はすべてデジタルピンです。本書で使用している液晶ディスプレイは，コネクタピンが 2 列になっているので，ブレッドボードを使わずに，オス - メスジャンプワイヤーで Arduino と直接つないだ方が簡単です。

液晶ディスプレイに文字と変数の値を表示するプログラムをリスト 7.1 に示します。液晶ディスプレイを使うためのライブラリは開発環境に含まれていますので，6.2 節のようにダウンロードする必要はありません。

※ この液晶ディスプレイを使うときには，データバスを 8 本（DB0〜DB7）使う方法と 4 本（DB4〜DB7）使う方法があります。本書では 4 本だけを使う方法を紹介します。

(a) 回路図

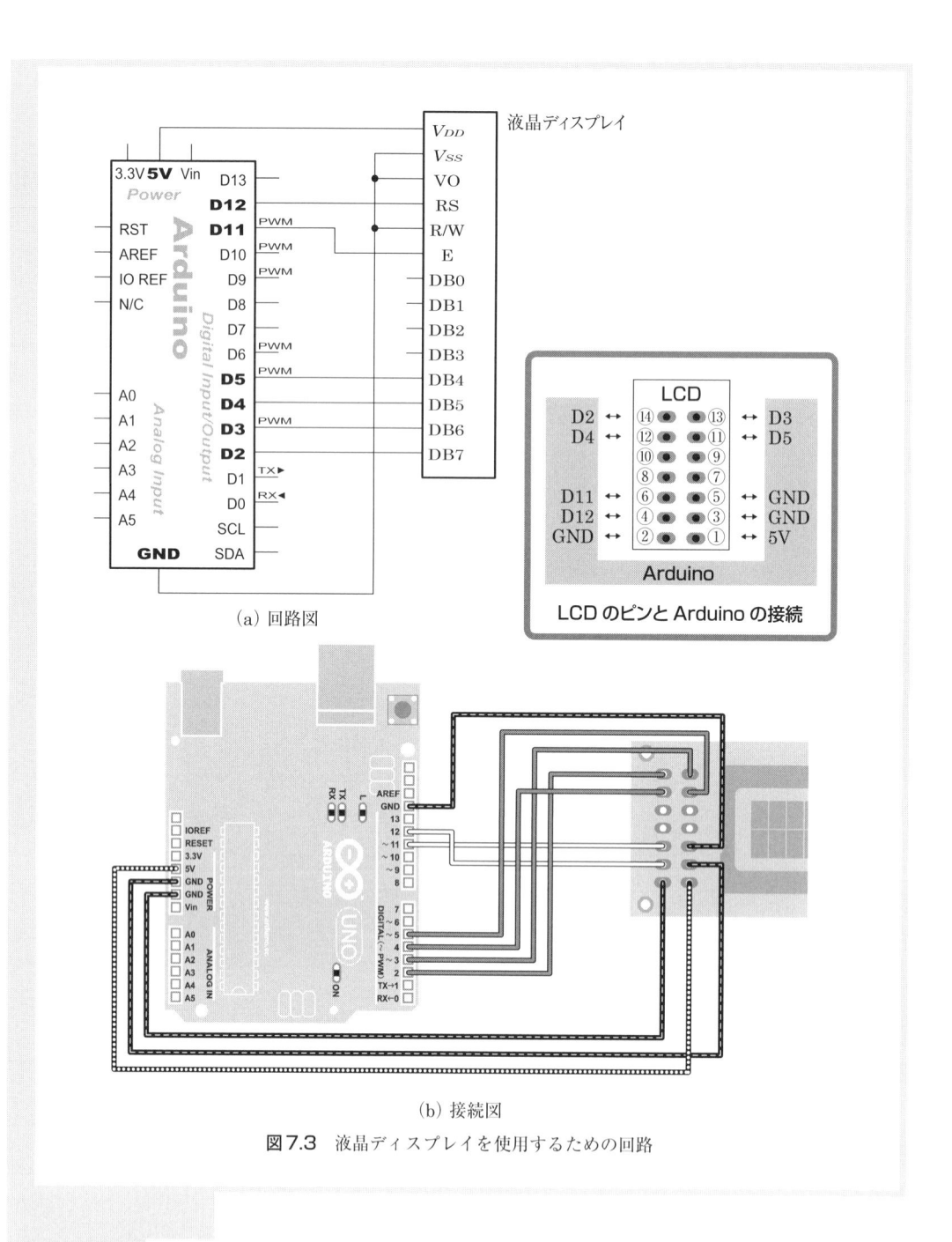

(b) 接続図

図7.3 液晶ディスプレイを使用するための回路

▶リスト7.1 ▶ 液晶ディスプレイに文字と数字を表示する

```
#include <LiquidCrystal.h>

LiquidCrystal lcd(12,11,5,4,3,2);    // ArduinoとLCDのつなぎ方の設定

void setup(){
  lcd.begin(16,2);                   // 16文字2行のLCDを使う
  lcd.print("Hello, Arduino!");      // 文字の表示
}
```

```
 9
10  void loop(){
11    static int t;
12    lcd.setCursor(0,1);                // 表示位置の指定
13    lcd.print(t);                      // 数字を表示
14    t++;                               // 変数 t のインクリメント※
15    delay(1000);
16  }
```

プログラムの解説です。

1 行目で液晶ディスプレイを使うためにライブラリを読み込むことを宣言します。

3 行目で液晶ディスプレイと Arudino をどのピンでつなぐのかを設定します。

6 行目では使用する液晶ディスプレイで表示できる文字数を指定しています。本書で使用する液晶ディスプレイは 16 文字，2 行です。

7 行目では『Hello, Arduino!』という文字を表示しています。

12 行目では (0,1) の位置（2 行目の 1 文字目）にカーソルを移動させています。

13 行目でその位置に t の値を表示させています。

14，15 行目で 1 秒ごとにカウントアップしています。

実行すると液晶ディスプレイに『Hello, Arudino!』と，その下に数字が表示されましたね。

※ インクリメント：変数に +1 した値を代入。巻末 C.2.4 を参照。

7.2　7 セグメント LED ディスプレイ

7 セグメント LED ディスプレイ（通称，**7 セグ**）というものがあります。エレベーターの階数表示，洗濯機の時間表示やエアコンの温度表示など，けっこういろいろなところで使われています。この節では 7 セグを 2 つ使って 2 桁の数を表示させてみましょう。

7 セグには 8 個の LED が内蔵されていて，それぞれの LED を光らせることでいろいろな数字と右下のドットを表示させることができます。7 セグには 10 本のピンがあり，その番号と 7 セグのピンの位置関係を図 7.5 に示します。

次に，7 セグのピンと LED の位置の

● 参照する節 ●
3.1 節，6.1 節

図 7.4　7 セグメント LED ディスプレイの外観

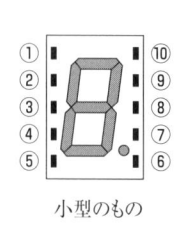

図7.5 7セグメントLEDのピン配置

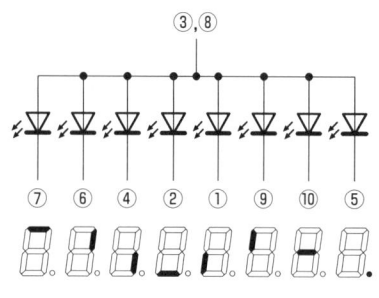

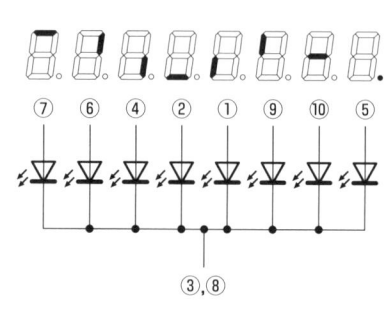

ピン番号とLEDの位置の関係は，一般的な7セグを例にしていますが，異なる場合がありますので使用前に仕様書などで確認してください。特に小型のものは，この関係とは異なる場合が多くあります。

(a) アノードコモン　　(b) カソードコモン

図7.6 7セグの各LEDの位置とピン番号の関係

● 使用するパーツ ●

7セグ×2
(カソードコモン)
抵抗 (330 Ω) ×7

『新しく学ぶプログラム』

なし

関係を図7.6に示します。7セグの3番と8番ピンは内部でつながっているので，どちらにつないでも同じ動作をします。また，7セグには**アノードコモン**（図7.6(a)）と**カソードコモン**（図7.6(b)）の2種類があります。この節では"カソードコモン"の7セグを使います。

1つの7セグは8個のLEDがありますので，Arduinoのピンが8個必要になります。たくさんの桁を使う時には**ダイナミックドライブ**という方法を使いましょう。この方法を使うと，光らせるために必要なピ

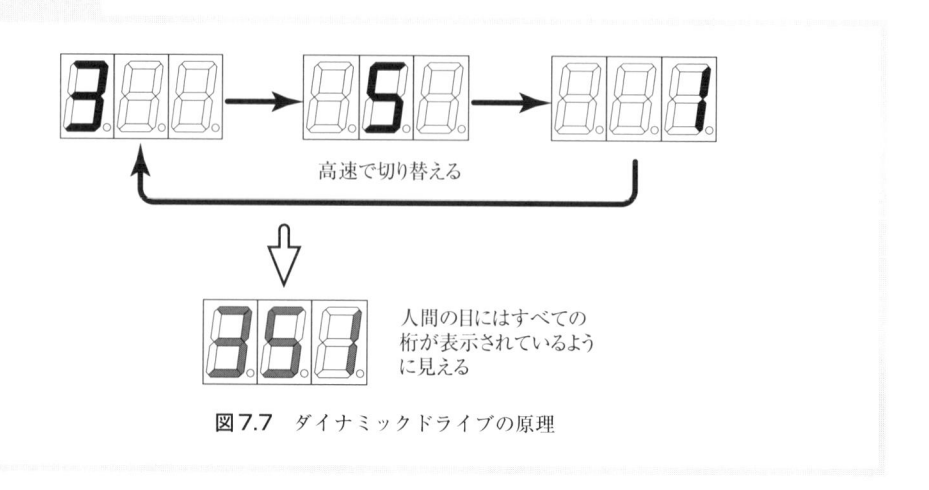

高速で切り替える

人間の目にはすべての桁が表示されているように見える

図7.7 ダイナミックドライブの原理

ンの数をぐっと減らすことができます。

　ダイナミックドライブとは図7.7のように，1桁を光らせてちょっと待って消して，となりの桁を光らせてちょっと待って消してを素早く行う方法です。こうすると人の目には残像が残るため，あたかも3つの7セグが光っているように見えるという方法です。まるで忍者の分身のようですね。

　このカギとなるのが，すべてのLEDの線が集まってきているところ（コモンピン）です。図7.8に示すダイナミックドライブで2桁の7セグを光らせる回路を例にして説明します。

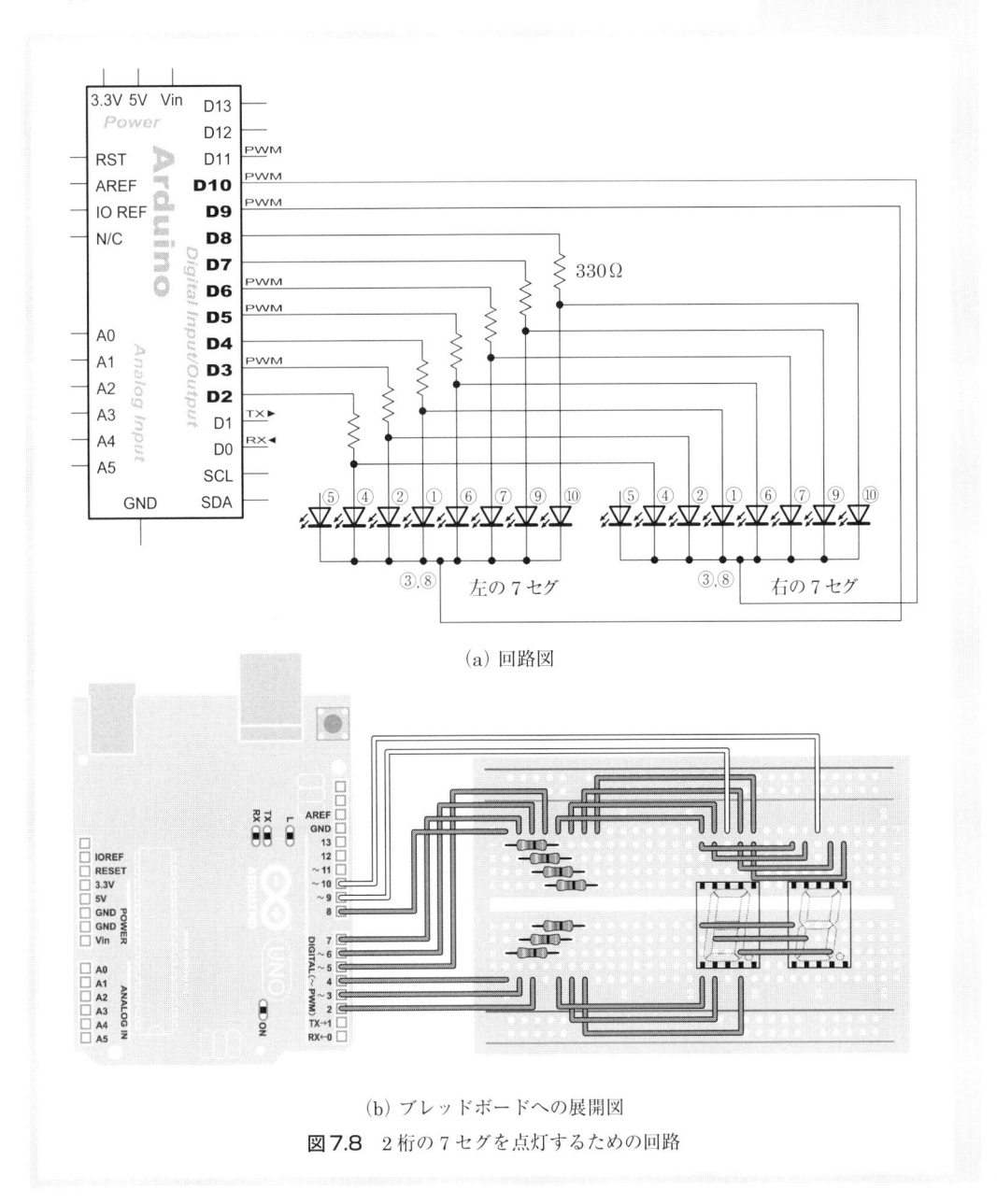

(a) 回路図

(b) ブレッドボードへの展開図

図7.8　2桁の7セグを点灯するための回路

左の7セグの8番ピンをデジタル9番ピンとつなぎ，右の7セグの8番ピンをデジタル10番ピンとつなぎました．これによりデジタル9番ピンと10番ピンを以下のように設定すると片方の7セグだけ光らせることができます．

- デジタル9番ピンを"LOW"，デジタル10番ピンを"HIGH"
  ⇨ 左の7セグだけが点灯
- デジタル9番ピンを"HIGH"，デジタル10番ピンを"LOW"
  ⇨ 右の7セグだけが点灯

これを高速に切り替えて別々の数字を表示させます．
プログラムをリスト7.2に示します．

▶リスト7.2▶　2桁の7セグを表示させる

```
1   void setup() {
2     pinMode(2,OUTPUT);        // 7セグの4番ピン
3     pinMode(3,OUTPUT);        // 7セグの2番ピン
4     pinMode(4,OUTPUT);        // 7セグの1番ピン
5     pinMode(5,OUTPUT);        // 7セグの6番ピン
6     pinMode(6,OUTPUT);        // 7セグの7番ピン
7     pinMode(7,OUTPUT);        // 7セグの9番ピン
8     pinMode(8,OUTPUT);        // 7セグの10番ピン
9     pinMode(9,OUTPUT);        // 左の7セグの8番ピン
10    pinMode(10,OUTPUT);       // 右の7セグの8番ピン
11  }
12
13  void loop() {
14    digitalWrite(9,HIGH);     // 消灯
15    digitalWrite(10,HIGH);
16
17    digitalWrite(2,HIGH);     // 左の7セグの表示設定
18    digitalWrite(3,HIGH);
19    digitalWrite(4,LOW);
20    digitalWrite(5,LOW);
21    digitalWrite(6,HIGH);
22    digitalWrite(7,HIGH);
23    digitalWrite(8,HIGH);
24
25    digitalWrite(9,LOW);      // 左の7セグだけ光らせる
26    digitalWrite(10,HIGH);
27
28    delay(10);                // 時間待ち
29
30    digitalWrite(9,HIGH);     // 消灯
31    digitalWrite(10,HIGH);
32
33    digitalWrite(2,HIGH);     // 右の7セグの表示設定
34    digitalWrite(3,LOW);
35    digitalWrite(4,LOW);
36    digitalWrite(5,HIGH);
```

```
37      digitalWrite(6,LOW);
38      digitalWrite(7,LOW);
39      digitalWrite(8,LOW);
40
41      digitalWrite(9,HIGH);           // 右の 7 セグだけ光らせる
42      digitalWrite(10,LOW);
43
44      delay(10);                      // 時間待ち
45    }
```

プログラムの解説です。

2 行目から 8 行目までが 7 セグの数字を表示させるためのピンの設定です。

9 行目と 10 行目は 2 つの桁を分けるためのピンの設定です。

14 行目と 15 行目ではデジタル 9 番ピンと 10 番ピンをともに"HIGH"にしているため 2 つとも 7 セグが消えます。

17 行目から 23 行目までは，数字を表示（この例では"5"を表示）するための出力をしています。

25 行目でデジタル 9 番ピンを"LOW"にしています。これにより，デジタル 9 番ピンに接続している左の 7 セグだけが光ります。

28 行目で 0.01 秒間光らせたままにします。

30 行目から 42 行目まではデジタル 10 番ピンを"LOW"にする以外は同じ処理を行って右の 7 セグを光らせています。この例では"1"を表示しています。

これを何度も繰り返すことで 2 つの桁が同時に光っているように見えるのです。実行すると左に"5"，右に"1"表示がされましたね。

7.3　ドットマトリックス LED ディスプレイ

ドットマトリックスという LED がたくさん並んだものがあります。これは電光掲示板などに利用されています。この節では，一般的な単色で 8 × 8 の LED が付いたドットマトリックスの使い方を学びましょう。

図 7.9　ドットマトリックス LED ディスプレイの外観

● 参照する節 ●
3.1節, 6.1節

● 使用するパーツ ●
ドットマトリックス×1
抵抗（1kΩ）×8

新しく学ぶプログラム

random 関数

書式	`long random(long min, long max)`
説明	min で指定した最小値から max で指定した最大値より 1 だけ小さい数（min 以上 max 未満）のランダムな整数（でたらめな数）を返します。

まず，LED の配置の説明です。ドットマトリックスの内部回路は図 7.10(a) のようになっていて，8 個の LED が 8 列並んでいます。いろいろな文字や絵を表示させるためには，7.2 節と同様にダイナミックドライブを用います。

次に，ドットマトリックスのピンと LED の接続についての説明です。ドットマトリックスには 16 本のピンがあり，そのピンの位置とその番号の関係は図 7.10(b) に示す通りです。図 7.10(a) に書いてある数字はドットマトリックスのピン番号です。たとえば，左から 2 番目，上から 3 番目の LED を光らせる場合には，ドットマトリックスの 3 番と 8 番ピンを使うことになります。回路を作るときはドットマトリックスのピンの位置と LED の位置がかなり違うため慎重に組みましょう。

このドットマトリックスを使うためには 16 個のピンが必要なので，デジタル 0 番ピンから 13 番ピンのほかに，アナログ 0 番ピンと 1 番ピンをデジタルピンとして使用します。この回路を図 7.11 に示します。ブレッドボードへの展開図ではドットマトリックスの上に配線があるようになっていますが，実際にはすべてドットマトリックスの下に配線し

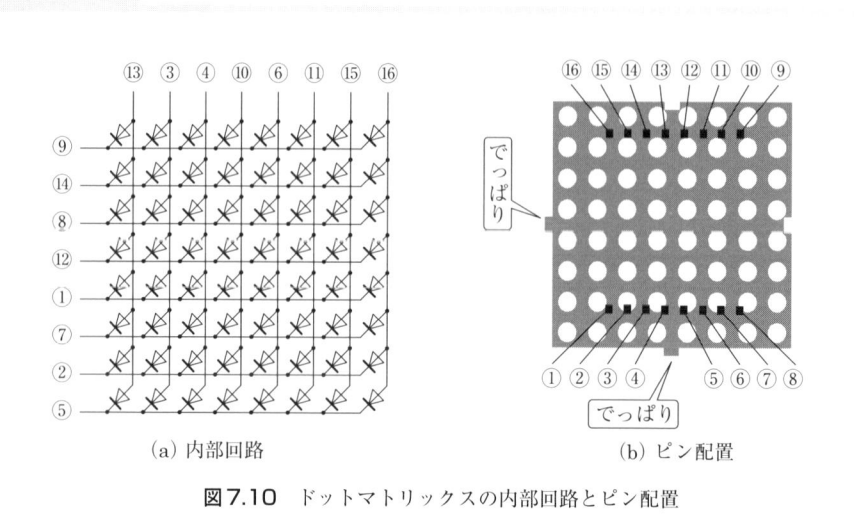

(a) 内部回路　　　　　　(b) ピン配置

図 7.10　ドットマトリックスの内部回路とピン配置

(a) 回路図

(b) ブレッドボードへの展開図

図7.11 ドットマトリックス

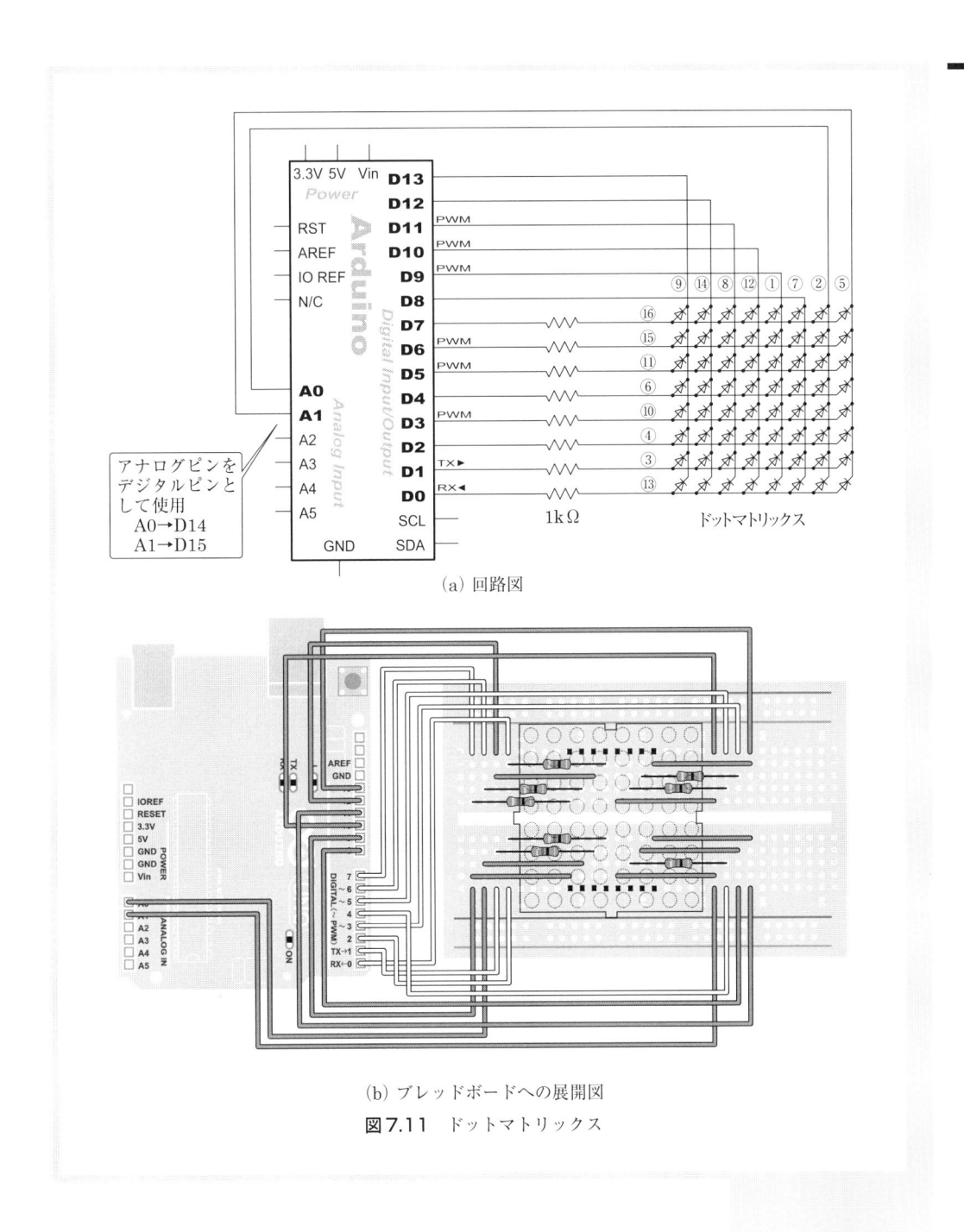

ます。

　ドットマトリックスの中の1つのLEDをランダムに光らせてみましょう。ランダムな値はrandom関数で得ることができます。

　そのプログラムをリスト7.3に示します。

▶リスト 7.3 ▶　ドットマトリックスに点をランダムに表示させる

```
1   void setup(){
2     int i;
3     for(i=0;i<16;i++){    // デジタル0から13とアナログ0と1をデジタル出力に
4       pinMode(i,OUTPUT);
5     }
6     for(i=0;i<8;i++){    // ドットマトリックスをすべて消灯
7       digitalWrite(i,LOW);
8     }
9     for(i=8;i<16;i++){
10      digitalWrite(i,HIGH);
11    }
12  }
13
14  void loop(){
15    static long row=0,col=8;
16
17    digitalWrite(row,LOW);       // 現在光っているLEDを消灯
18    digitalWrite(col,HIGH);
19
20    row=random(0,8);             // 横列をランダムに選択
21    col=random(8,16);            // 縦列をランダムに選択
22
23    digitalWrite(row,HIGH);      // ランダムに選択した
24    digitalWrite(col,LOW);       //     LEDを点灯
25
26    delay(500);
27  }
```

プログラムの解説です。

3行目から5行目ではデジタル0番ピンから13番ピンのほかに，アナログ0番と1番ピンをそれぞれデジタル14番と15番ピンとしてデジタル出力に使うことを設定しています。

6行目から11行目ではドットマトリックスが最初にすべて消えている状態にするためにデジタル0番から7番ピンまでを"LOW"に，デジタル8番から15番ピンまでを"HIGH"にしています。

17，18行目ではrowとcol変数で指定した位置を消しています。

20，21行目ではrandom関数でランダムな値をrowとcolに代入しています。

23，24行目ではrowとcolの位置のLEDを光らせています。

26行目で0.5秒待ってから最初に戻り，今まで光っていたLEDを消しています。

実行するとぴかぴかといろいろな位置が光りましたね※。

※ 光る位置をゆっくりかえるように変更するには，26行目のdelay関数の値を大きくしてください。

第8章 センサーを使おう

電子工作をするときにはいろいろなセンサーを使いたくなります。たとえば，距離を計ったり傾きを計ったりなど，多くのことができます。この章ではいくつかのセンサーを Arduino で使う方法を紹介します。

8.1 距離センサー

距離センサーの1つに，**赤外線 LED** と **PSD**※が一体となった非接触で距離を計ることのできるセンサーモジュールがあります。光の反射角を利用した三角測量の原理を用いて計測するので，物体の色にはほとんど影響されないのが特徴です。このセンサーの測定原理を図 8.2 に示し

※ Position Sensitive Detector（光位置検出素子）

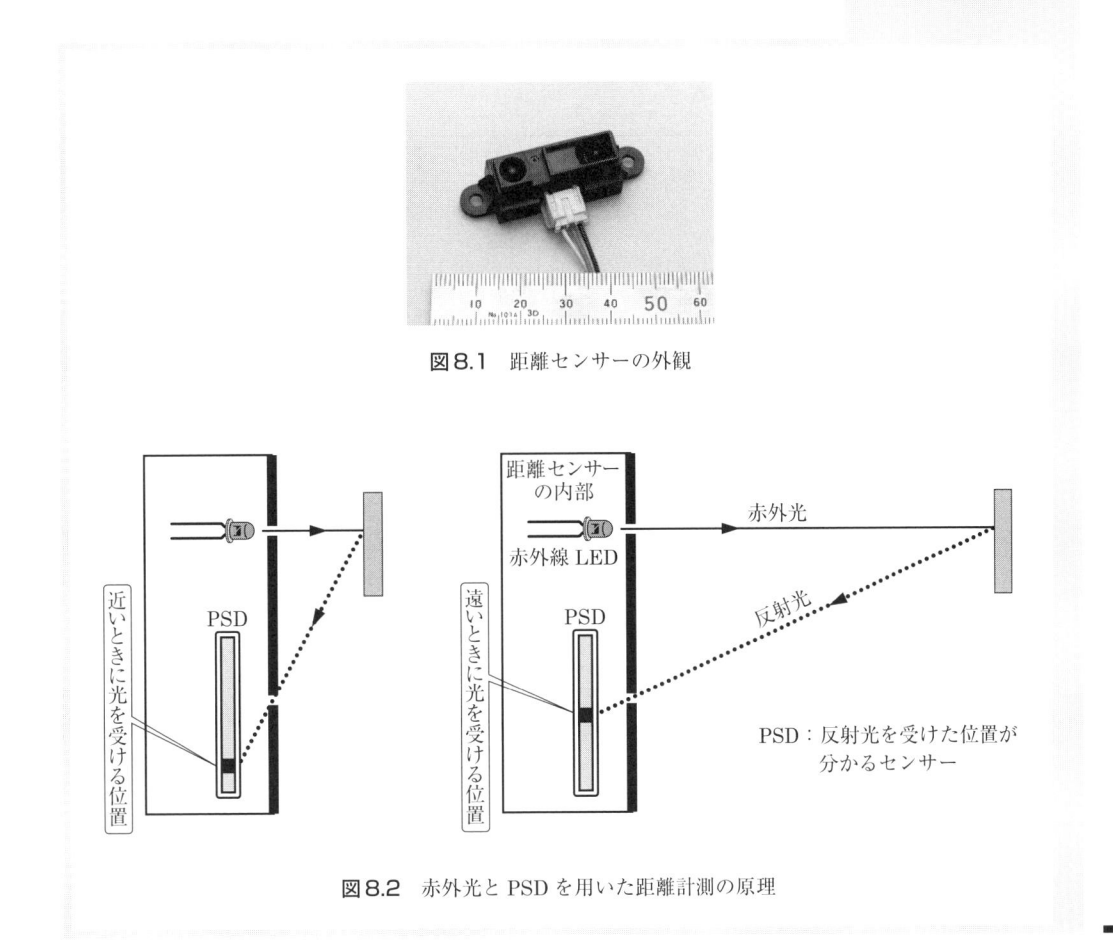

図 8.1 距離センサーの外観

図 8.2 赤外光と PSD を用いた距離計測の原理

● 参照する節 ●
4.2節, 5.1節, 6.1節

● 使用するパーツ ●
距離センサー×1

『新しく学ぶプログラム』
なし

※ 50cm以上は電圧の変化が小さいため，あまり正確には計れません。

ます。このセンサーは赤外線LEDから出た光の反射光をPSDで受けます。その反射光を受ける位置は，センサーから対象物までの距離によって変わります。PSDは光が強く当たる位置を電圧の大きさに変えて検出できます。

この特性を利用して，物体までの距離を電圧の大きさに変えて出力します。その距離と電圧の関係は図8.3に示すようになっています。5cmから50cm程度の距離※を計ることができます。

この距離センサーには3本のピンがあります。そのピンの配置は図8.4のように下から見て左から，出力，GND，V_{CC}となっています。

距離センサーの3本の線とArduinoを接続した回路を図8.5に示します。

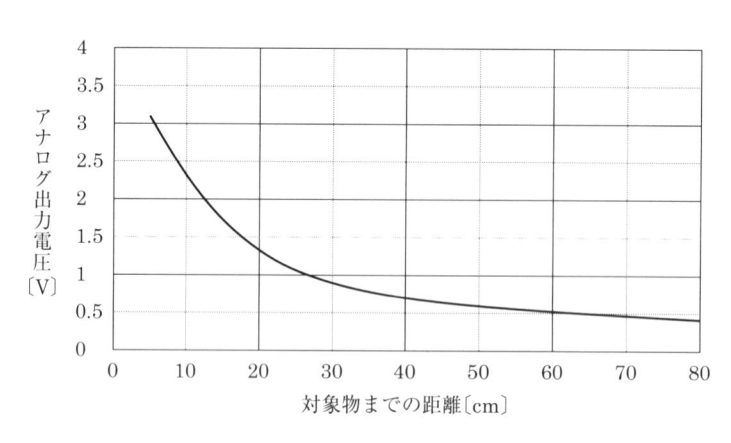

図8.3 距離と電圧の関係

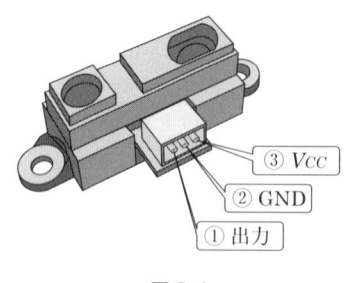

図8.4

プログラムをリスト8.1に示します。アナログ0番ピンで距離センサーからの出力電圧を読み取ってパソコンのシリアルモニタに表示させています。これは5.1節とほぼ同じプログラムです。

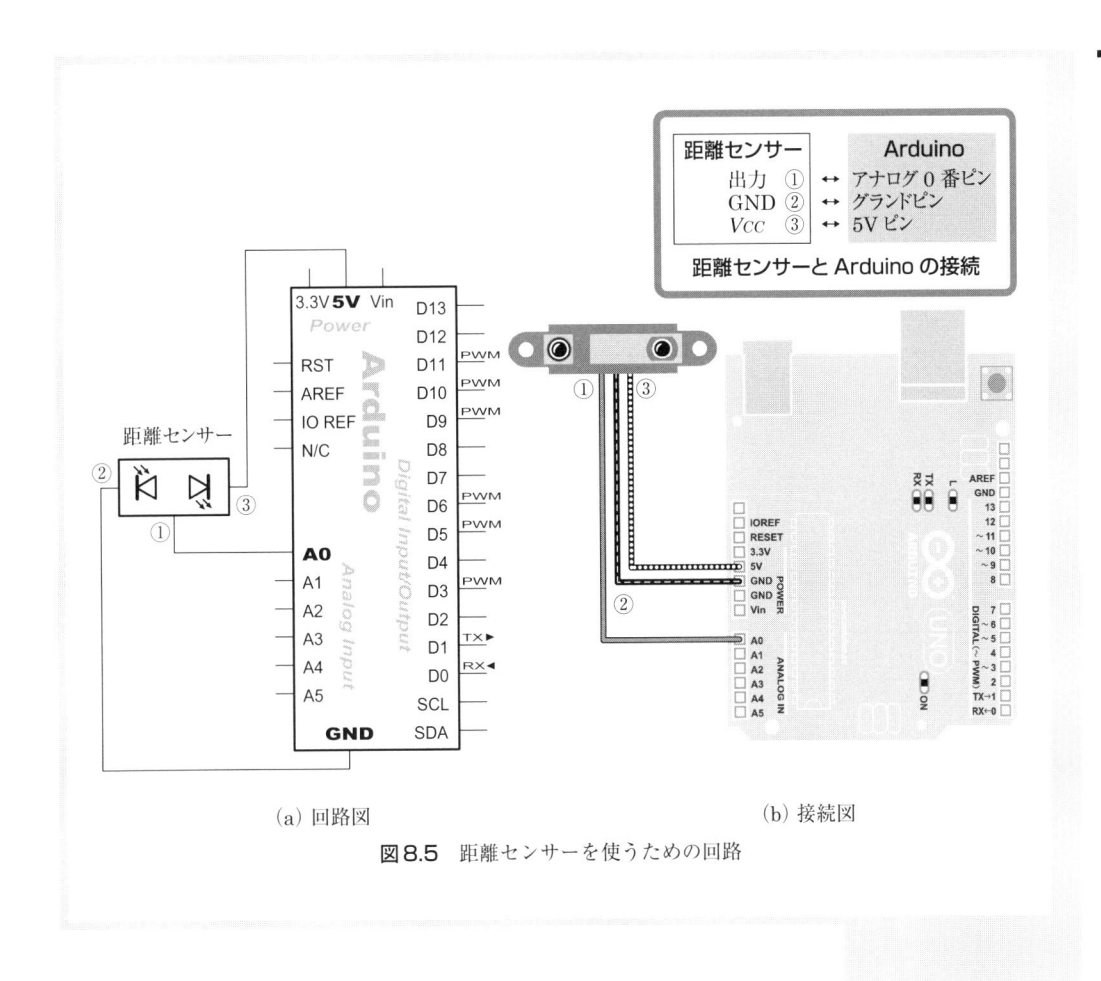

距離センサー		Arduino
出力 ①	↔	アナログ0番ピン
GND ②	↔	グランドピン
Vcc ③	↔	5Vピン

距離センサーとArduinoの接続

(a) 回路図　　　　　　　　　　　(b) 接続図

図8.5　距離センサーを使うための回路

▶リスト8.1 ▶　距離センサーの値をパソコンへ送る

```
void setup()
{
  Serial.begin(9600);       // 通信速度を9600bpsに
}

void loop()
{
  int val;
  val=analogRead(0);        // センサーから出力される電圧を読み込む
  Serial.println(val);      // 値を送信
  delay(500);               // 0.5秒待つ
}
```

プログラムの解説です。

9行目でアナログ0番ピンに接続した距離センサーの出力電圧を読み取っています。

10行目では5.1節と同様にその値をパソコンに送信しています。

11行目では0.5秒間の時間待ちをしています。

実行すると，シリアルモニタに距離センサーで計測した値が表示されます。距離センサーに手を近付けたり離したりしてみてください。シリアルモニタに表示される値が変わりますね。

8.2 曲げセンサー

● 参照する節 ●
4.2節, 5.1節, 6.1節

センサーを曲げたとき，それがどの程度曲がっているか計ることのできるセンサーがあります。これを**曲げセンサー**といい，指で簡単に曲げることのできる柔らかいセンサーです。ただし，曲げセンサーに折り目が付くほど曲げると壊れることがありますので気をつけてください。

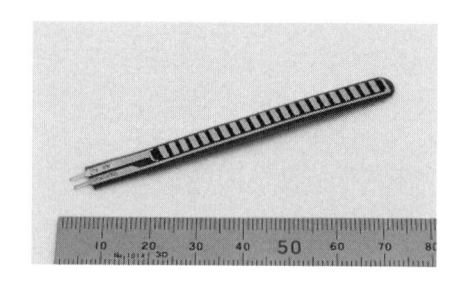

図8.6 曲げセンサーの外観

● 使用するパーツ ●
曲げセンサー×1
抵抗（10kΩ）×1

『新しく学ぶプログラム』
なし

曲げセンサーは曲げると抵抗値が変わる性質があります。抵抗値が変わると4.2節のボリュームと同じように電圧も変化します。これを使うためには，曲げセンサーと10kΩの抵抗を直列に配置して，その間の電圧を計るためにアナログ0番ピンにつなぎます。その回路を図8.7に示します。曲げセンサーの足はブレッドボードに刺すことができますが，もろく折れやすいので取り扱いや実験するときは気をつけましょう。

プログラムは8.1節と同じです。

実行したら，曲げセンサーの真ん中付近を，白黒の面が外側になるように曲げます。実験では，曲げていないときは700くらいの値が出力され，90度くらいに曲げたときは730くらいの値が出力されました。

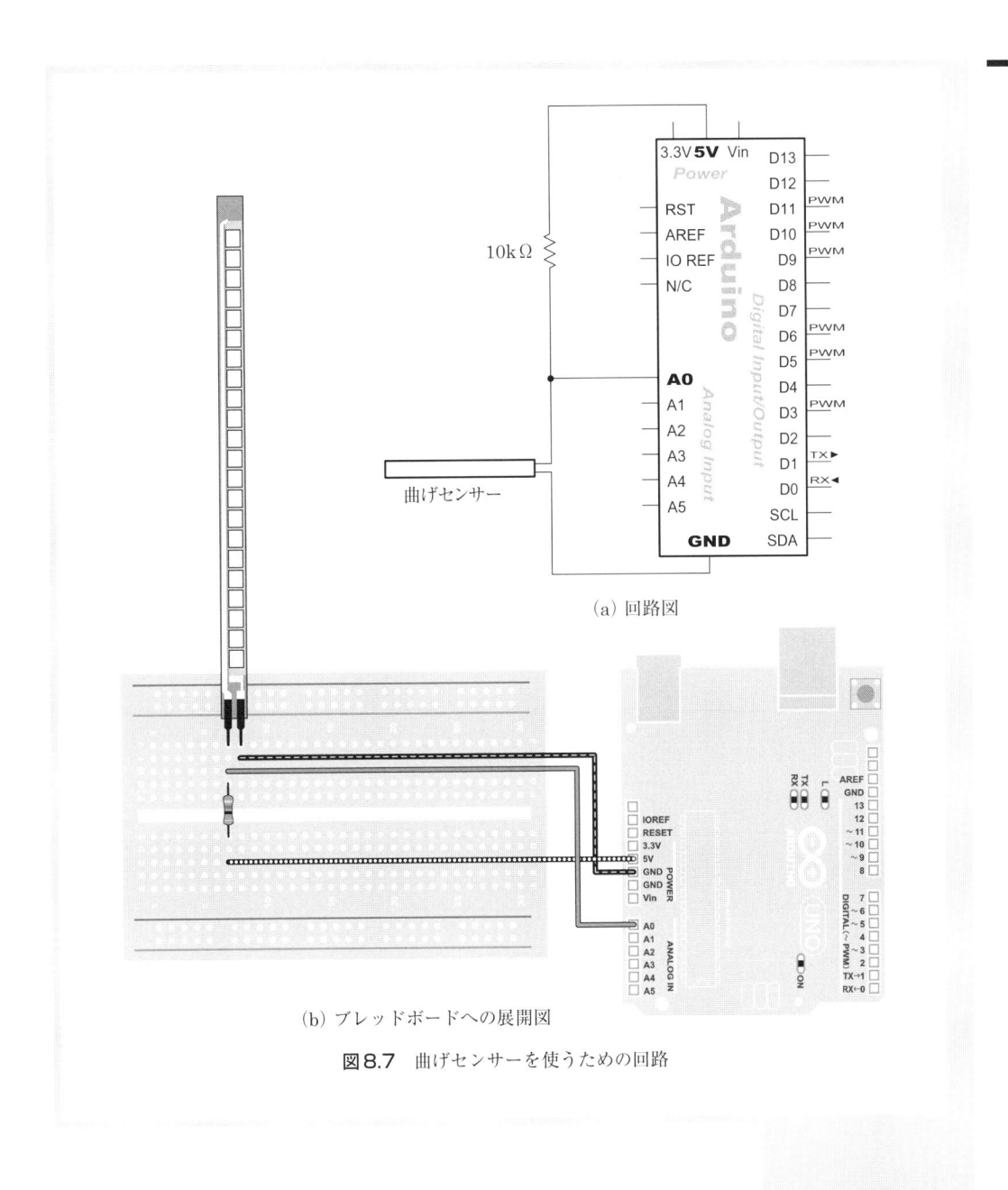

(a) 回路図

(b) ブレッドボードへの展開図

図8.7　曲げセンサーを使うための回路

8.3　3軸加速度センサー

　加速度センサーは図8.8に示すようなセンサーで，文字通り"加速度"を計ることができます。このセンサーで『どのくらい傾いているのか』を計ることもできます。工夫しだいでいろいろな工作に使えそうですね。

　3軸加速度センサーには8本のピンがあります。そのピンの配置は図8.9のようになっています。Z方向はセンサーの上方向となります。

● 参照する節 ●
4.2節，5.1節，6.1節

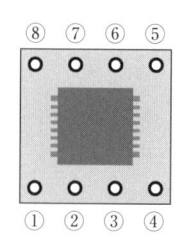

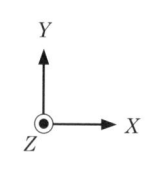

図8.8 3軸加速度センサーの外観

ピン	説明　[→通常時の接続先]
①	V_{CC}（電源入力：2.7～5.5V）
②	PSD　[→V_{CC}（無接続・GNDでシャットダウン）]
③	GND
④	Parity　[→無接続（内部チェック用）]
⑤	Selftest　[→GND（V_{CC}接続で出力が1G増）]
⑥	X方向の加速度の出力
⑦	Y方向の加速度の出力
⑧	Z方向の加速度の出力

図8.9 3軸加速度センサー

● 使用するパーツ ●
3軸加速度センサーモジュール×1

『新しく学ぶプログラム』
なし

　3軸加速度センサーの各ピンとArduinoとの接続ピンの関係は図8.10のようになっています。これにしたがって作成した回路を図8.10に示します。

　プログラムでは，3つのアナログ値を読みこんで，シリアルモニタにそれらの値を出力します。そのプログラムをリスト8.2に示します。

▶リスト8.2▶　3軸加速度センサーの値をパソコンへ送る

```
 1  void setup()
 2  {
 3    Serial.begin(9600);        // 通信速度を9600bpsに
 4  }
 5
 6  void loop()
 7  {
 8    int val;
 9    val=analogRead(0);         // X方向の加速度を読み取る
10    Serial.print(val);         // 読み取った値を送信
11    Serial.print("\t");        // タブ文字を送って見やすく
12
13    val=analogRead(1);         // Y方向の加速度を読み取る
14    Serial.print(val);
15    Serial.print("\t");
16
17    val=analogRead(2);         // Z方向の加速度を読み取る
18    Serial.println(val);
19
20    delay(500);
21  }
```

第8章 センサーを使おう

68

(a) 回路図

(b) ブレッドボードへの展開図

図8.10 3軸加速度センサーを使うための回路

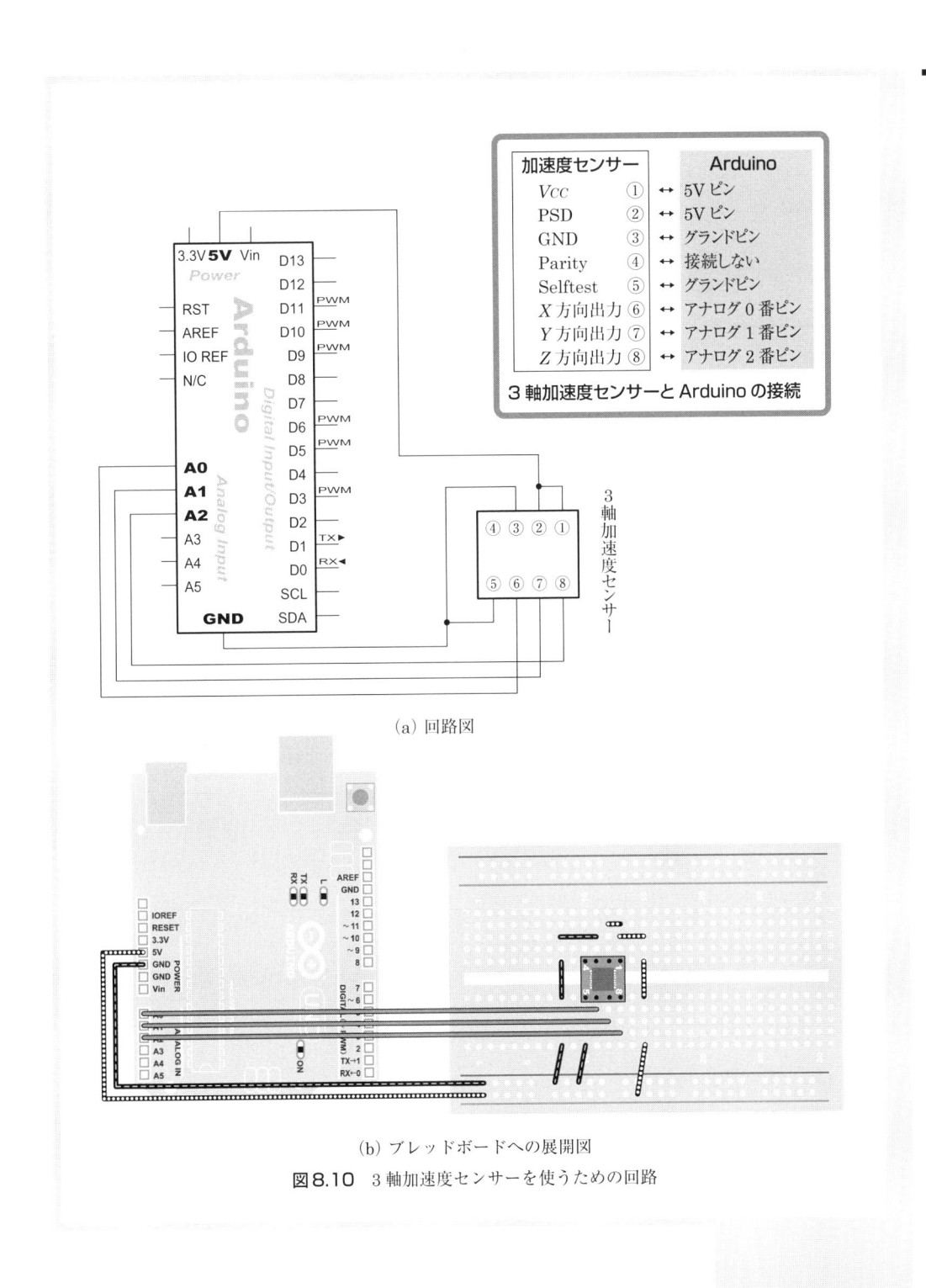

プログラムの解説です。

9行目と13行目，17行目で加速度センサーの値をそれぞれ計測しています。

10行目と14行目，18行目でそれぞれパソコンに送っています。

20行目で0.5秒待っています。

これを繰り返しています。

実行した後，3軸加速度センサーを傾けると値が変わりますね（Arduino ごと傾けても OK です）。

8.4 光センサー

● 参照する節 ●
4.2 節，5.1 節，6.1 節

光の反射率を利用した**光センサー**を使用してみましょう。これを使うと距離が測れるだけでなく，紙に書かれた白と黒を判別することもでき

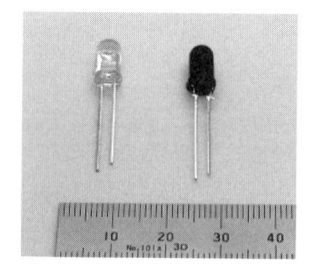

図 8.11 光センサーの外観
（左：赤外線 LED, 右：フォトトランジスタ）

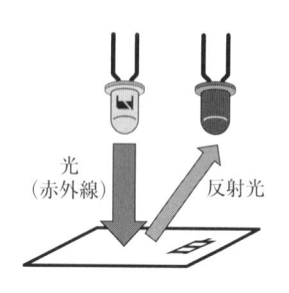

光（赤外線）　反射光

反射光の強さをフォトトランジスタで測る

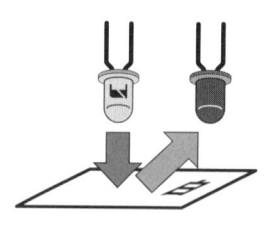

対象物を**近く**すると反射光が強くなる

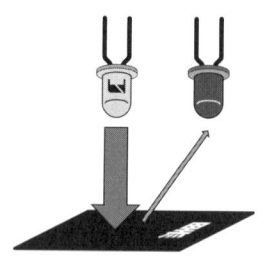

対象物を**黒く**すると反射光が弱くなる

図 8.12 光センサーで距離を測ったり，白黒を判別したりする原理

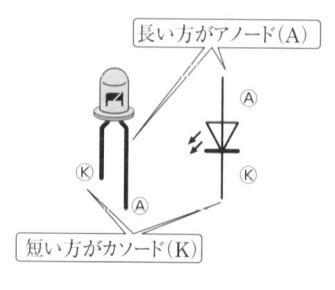

長い方がアノード(A)
短い方がカソード(K)

短い方がコレクタ(C)
長い方がエミッタ(E)

(a) 赤外線 LED

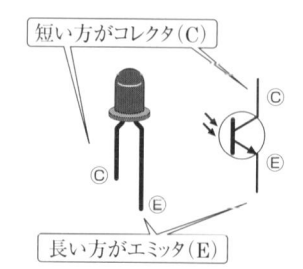

(b) フォトトランジスタ

図 8.13 赤外線 LED とフォトトランジスタの回路図との対応

ます。このセンサーはラインを判別して動くロボット（12.1 節のライントレースロボット）に応用できます。

このセンサーは，**赤外線 LED** を光らせて※対象物に当てて，その反射した光の強さを**フォトトランジスタ**※※で計ります。その原理を図 8.12 に示します。対象物までの距離が近いほど反射する光は強くなるので距離を計ることができます。また同じ距離なら対象物が白いものだと反射する光は強く，黒いものだと弱くなります。この差を利用することで白と黒を判別することができます。

赤外線 LED とフォトトランジスタには極性があります。赤外線 LED は通常の LED と同じように足の長いほうが**アノード**（プラスにつなぐ方）になります。フォトトランジスタは足の長いほうが**エミッタ**

※ 赤外線 LED の光は直接見ることはできませんが，光っているかどうかは携帯電話のカメラやデジカメの液晶を通して見ると緑（または紫）色の光が見えます。

※※ 8.1 節の PSD は反射光の位置を検出しますが，フォトトランジスタは光（反射光）の強さを検出する素子です。

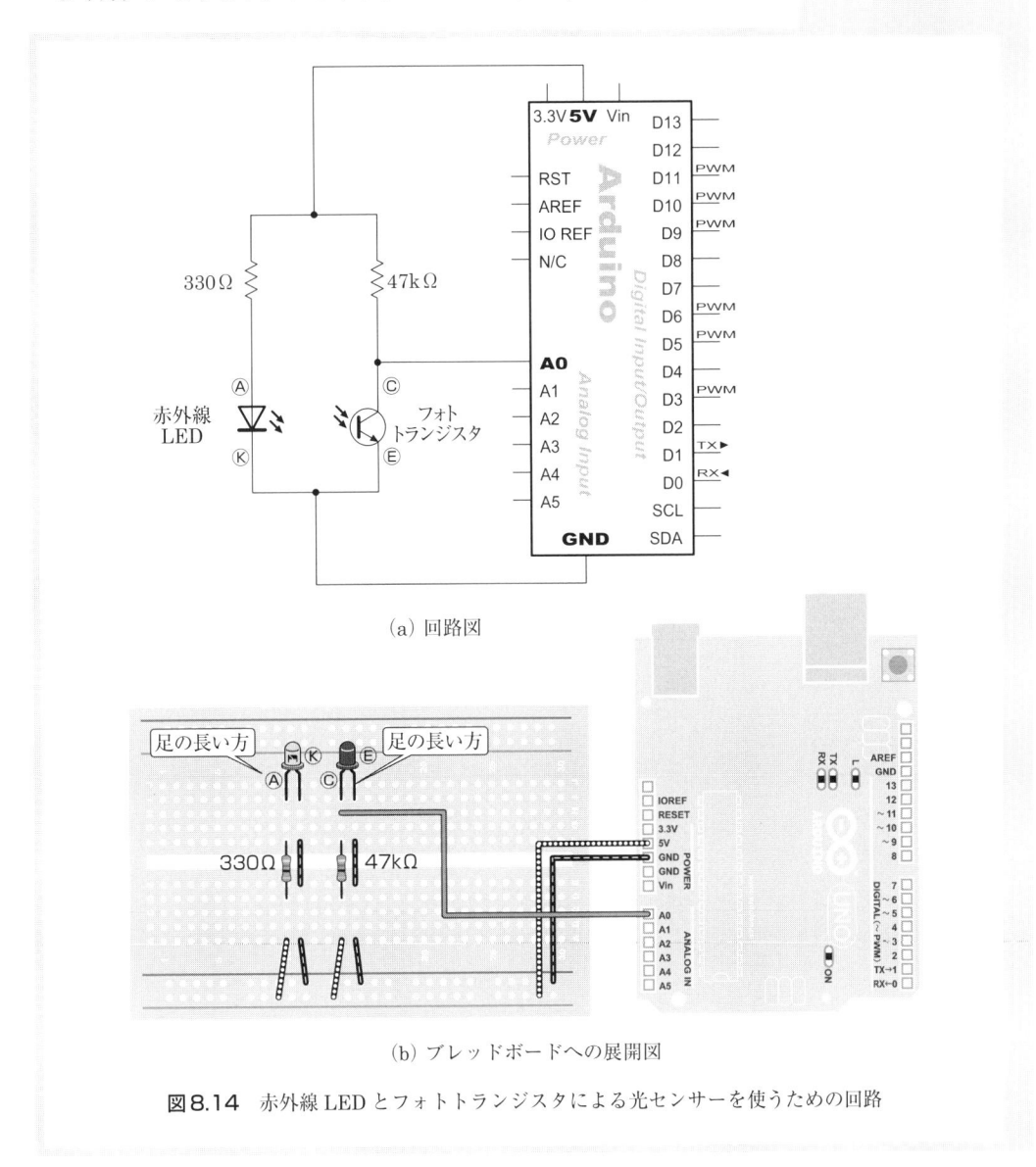

(a) 回路図

(b) ブレッドボードへの展開図

図 8.14　赤外線 LED とフォトトランジスタによる光センサーを使うための回路

● 使用するパーツ ●

赤外線 LED×1
フォトトランジスタ×1
抵抗（330Ω）×1
抵抗（47kΩ）×1

『新しく学ぶプログラム』

なし

（グランドにつなぐ方）になります。その関係を図 8.13 に示します。

回路を図 8.14 に示します。回路を作成するときには，図 8.14(b) のように赤外線 LED とフォトトランジスタはなるべく近くに配置して，方向をそろえておきます。

プログラムは 8.1 節と同じです。

実行したら，手をセンサーに近づけてみましょう。シリアルモニタに表示される値が変わりますね。また，白い紙に黒い線をマジックで書いた紙を近づけます。近付ける距離は 1cm 程度です。シリアルモニタに表示される値が白と黒で変わりましたね。実験では白のときは 50 くらいの値が出力され，黒のときは 200 くらいの値が出力されました。

> **Tips** 別の光センサー
>
> この節では赤外線 LED とフォトトランジスタを使用しましたが，この 2 つが一体化した**フォトリフレクタ**というものもあります。
>
> **図 8.15** フォトリフレクタの外観

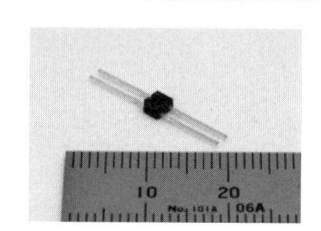

8.5 超音波センサー

● 参照する節 ●

5.1 節，6.1 節，6.3 節

● 使用するパーツ ●

超音波センサー×1

8.1 節の距離センサーのほかに，超音波で距離を計る**超音波センサー**もあります。スピーカーから超音波を出して反射した音をマイクで拾うまでの時間を計ることで距離を割り出します。まるで「コウモリ」みたいですね。

『新しく学ぶプログラム』

delayMicroseconds 関数	
書式	`void delayMicroseconds(unsigned int us)`
説明	*us* で指定した時間だけ時間を待ちます。単位はマイクロ秒（1000 分の 1 ミリ秒 = 1000000 分の 1 秒）です。

図8.16 超音波センサーの外観

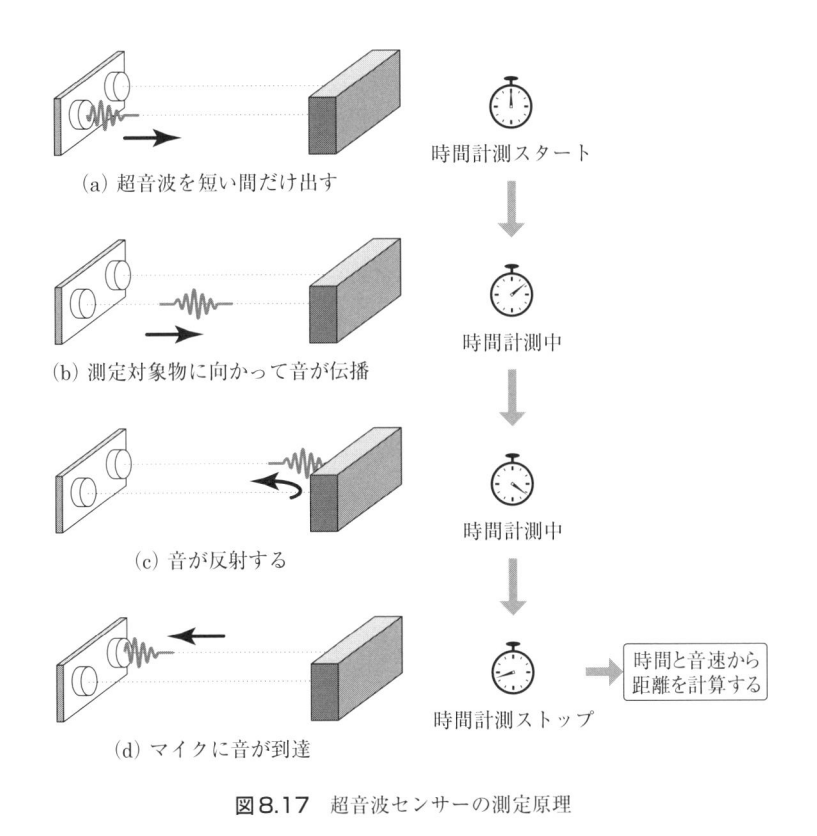

図8.17 超音波センサーの測定原理

(a) 超音波を短い間だけ出す　時間計測スタート
(b) 測定対象物に向かって音が伝播　時間計測中
(c) 音が反射する　時間計測中
(d) マイクに音が到達　時間計測ストップ　時間と音速から距離を計算する

　超音波センサーで距離を計るしくみを図8.17に示します。まず，センサーに付いているスピーカーから超音波を短い時間だけ出して，時間を計り始めます（図8.17(a)）。その音が対象物へ向かって伝播し（図8.17(b)），反射します（図8.17(c)）。そして反射した音がセンサーのマイクに到達したら時間計測を終わります。この計測した時間と音速から距離を計算します。

　超音波センサーは seeed studio 製の SEN136B5B を使います。このセンサーで計ることができる距離は 3cm から 4m 程度です。

　このセンサーには3つのピンが付いていて，左から SIG（出力），

(a) 回路図	(b) 接続図

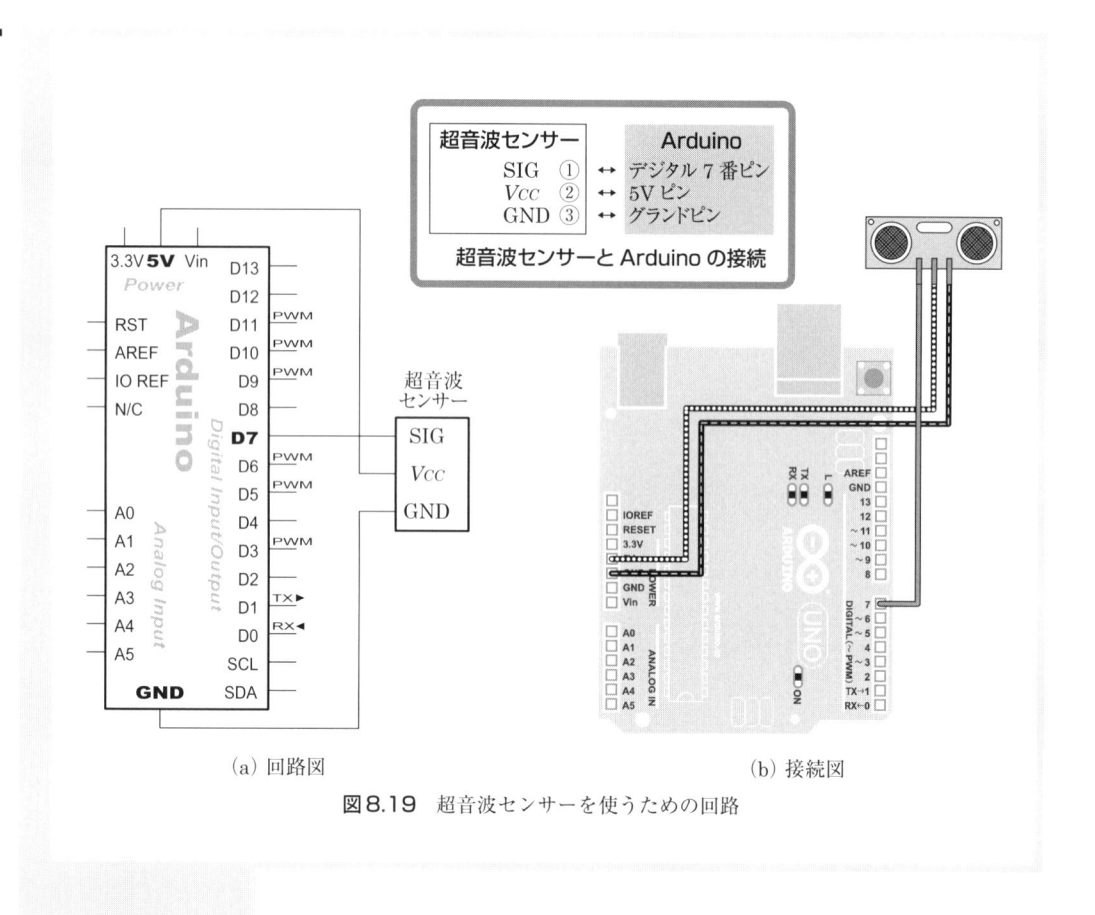

図8.19 超音波センサーを使うための回路

超音波センサーとArduinoの接続

超音波センサー		Arduino
SIG ①	↔	デジタル7番ピン
V_{CC} ②	↔	5Vピン
GND ③	↔	グランドピン

V_{CC}, GNDとなっています。

Arduinoとの接続は図8.19に示す通りです。接続にはブレッドボードを使わずに直接オス‐メスジャンプワイヤーでつなぐと簡単に実験できます。

プログラムをリスト8.3に示します。

▶リスト8.3▶ 超音波センサーの値をパソコンに送る

```
1  void setup()
2  {
3    Serial.begin(9600);      // 通信速度を9600bpsに
4  }
5
6  void loop()
7  {
8    long d,cm;
9
10   pinMode(7,OUTPUT);       //7番ピンを出力に
11   digitalWrite(7,LOW);     // LOWにして音を消す
12   delayMicroseconds(2);    //2マイクロ秒待つ
13   digitalWrite(7,HIGH);    // HIGHにして音を出す
```

```
14      delayMicroseconds(5);   //5マイクロ秒待つ
15      digitalWrite(7,LOW);    // LOW にして音を消す
16
17      pinMode(7,INPUT);       // 7番ピンを入力に
18      d=pulseIn(7,HIGH);      // 7番ピンがHIGHになるまでの時間を計測
19      cm=d/59;                // 時間から距離を計算
20
21      Serial.print(cm);       // 距離をシリアルモニタに送信
22      Serial.println("cm");
23
24      delay(100);
25    }
```

プログラムの解説です。

13行目で7番ピンを"HIGH"にすることで超音波を発信します。

14，15行目で5マイクロ秒待ってから，再び"LOW"にして超音波を止めます。

18行目では7番ピンが"HIGH"になるまでの時間をマイクロ秒単位で計測してそれをdという変数に代入しています。

19行目で反射した超音波の届く時間と音速から距離を求めています。実行してシリアルモニタを開くと計測した距離が表示されますね。

Tips　反射した超音波の届く時間から距離を求める方法

音波を出してその反射した音波を受け取るまでの時間から距離を求めるために『59で割る』理由を説明します。dはマイクロ秒ですので単位を秒に直すには10^{-6}をかけます。音速が約340〔m/s〕なので，これをかけてから100をかけて単位をcmに直します。そして，音波が往復するまでの時間を計っているので2で割ります。計測した時間dから距離を求める式は次のようになります。

$$d \times 10^{-6} \times 340 \times 100 \div 2 = d \times 0.017$$

ここで，$0.017 ≒ 1/59$ですのでプログラムでは0.017をかけるのではなく，59で割っています。Arduinoのようなマイコンでは小数の計算をあまり行わないほうがよいのでこのように計算を行います。

8.6 静電容量センサー

●参照する節●
5.1節, 6.1節, 6.2節

●使用するパーツ●
抵抗（10MΩ）×1
アルミホイル

静電容量センサーとはタッチパネルなどに使われるセンサーで，パソコンのタッチパッドや銀行のATM，スマートフォンなどで利用されています。この節では，とても簡略化した静電容量センサーを作ります。

新しく学ぶプログラム

CapSense クラス	
インスタンス	`CapSense(byte sendPin, byte receivePin)`
説明	使用するピンを2つ設定します。複数の静電容量センサーを使用するとき，sendPin は同じピンを用いることができますが，recievePin はセンサーごとに別のピンを設定してください。
メソッド	`long capSense(byte samples)`
説明	samples で指定した回数の平均値を返します。
メソッド	`void set_CS_AutocaL_Millis(unsigned long ms)`
説明	capSense 関数のキャリブレーションする時間間隔を設定します。0xFFFFFFFF とするとキャリブレーションが行われなくなります。

※ 10MΩ以上の抵抗が手に入らない場合は抵抗を直列につないで抵抗値を大きくしてください。

静電容量センサーでは10MΩ以上の抵抗※と，それに付けるアルミホイルを使います。この回路を図8.20に示します。アルミホイルがスイッチのように働き，手を近付けたり触れたりすると反応します。

プログラムをリスト8.4に示します。ここでは，CapSense というライブラリを使っています。6.2節と同じように CapSense ライブラリをダウンロードして使用する準備をしてからプログラムを作成してください。これは Arduino のホームページにある Reference の Libraries から Capacitive Sensing をクリックして，CapSense04.zip をダウンロードして，展開後にできる CapSense フォルダを使います。

▶リスト8.4▶　静電容量センサー

```
1  #include <CapSense.h>
2
3  CapSense cs_4_2=CapSense(4,2);  // 静電容量センサーに4番と2番ピンを使うことを宣言
```

(a) 回路図

(b) ブレッドボードへの展開図

図 8.20 静電容量センサーを使うための回路

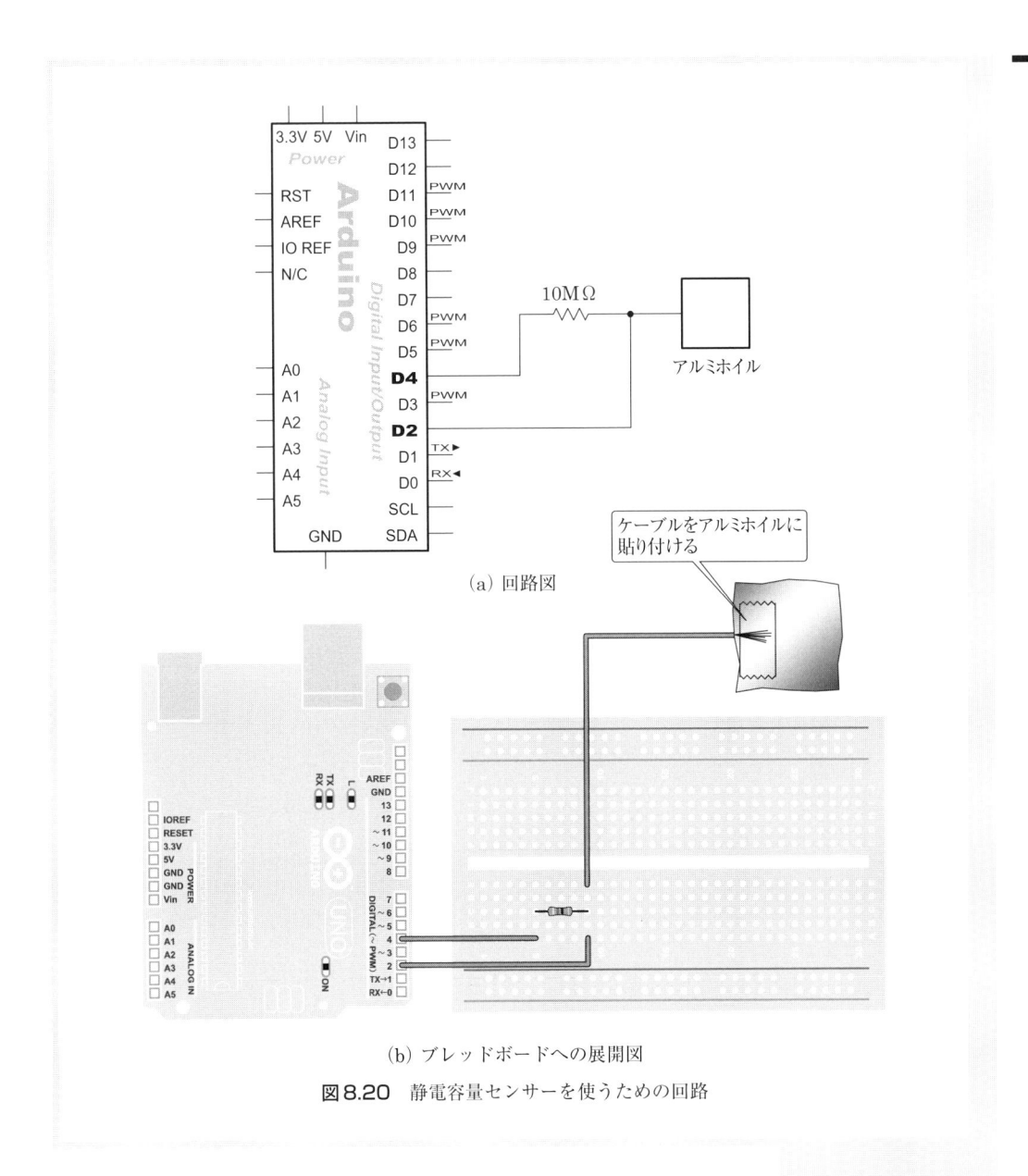

```
4
5   void setup()
6   {
7     cs_4_2.set_CS_AutocaL_Millis(0xFFFFFFFF);    // キャリブレーションは行わない
8     Serial.begin(9600);                          // 通信速度を 9600bps に
9   }
10
11  void loop()
12  {
13    long cs=cs_4_2.capSense(30);                 // 静電容量センサーの出力
14    Serial.println(cs);
15    delay(100);
16  }
```

プログラムの解説です。

1行目では静電容量センサーを使うことを宣言しています。

3行目ではデジタル4番ピンと2番ピンを使って静電容量センサーとすることを宣言しています。

6行目はキャリブレーション（校正・調整）しないことを設定しています。

12行目で静電容量センサーより得られる値をcsという変数に代入しています。

13行目でその値をパソコンに送っています。

実行してシリアルモニタを開きます。アルミホイルに手を数ミリ程度まで近付けたり，触ったりすると値が変わりましたね。

手を近付けたことが分かるので，たとえばアルミホイルの上に紙を乗せてアルミホイルに直接触れないようにしてもちゃんと反応します。とても簡単なセンサーなのでいろいろな工作に使えそうですね。

> **Tips　抵抗の大きさと反応速度**
>
> 　使用する抵抗値を大きくすると感度がよくなり，数センチ程度まで手が近付いただけで反応するようになります。しかし，反応速度は下がります。用途に合わせて抵抗値を選んでください。

第9章 モーターを回そう

ロボットなど動くものを作るときには，モーターを回したくなりますね。しかし，Arduino の出力にモーターを直接つないでも，モーターを回すことはできません。また，モーターにはいくつか種類があります。この章では3種類のモーターを回す方法を学びましょう。

9.1 DC モーター

DC モーターとは，ただ電池をつなげば回る単純なモーターです。そのため，電子工作ではよく使われます（タミヤの工作セットなども，だいたいこのモーターですね）。しかし，Arduino で DC モーターを回すためには，ひと工夫が必要です。

この節では，ボリュームによって DC モーターの回転する速さを変えます。

モーターを回すために TA7291P というモーターを動かすための IC（**モータードライバ IC**）を使います。この IC の概要を図 9.2 に示します。モータードライバ IC の 5 番ピンと 6 番ピンに与える電圧の組み合わせによって正転，逆転，ストップ，ブレーキの4つのモードが選べます。ストップとブレーキは両方とも DC モーターが停止しますが，ストップはなめらかに止まり，ブレーキは急に止まるという違いがあります。

DC モーターの回転速度を変えるためにボリュームを取り付けてその入力を Arduino のアナログ 0 番ピンにつなぎます。今回は DC モーターを使うので，Arduino の電源のほかに DC モーター駆動用の電池をつなぎます。これをすべてつないだ回路が図 9.3 となります。回路が複雑ですので，間違えないように慎重に作りましょう。

プログラムをリスト 9.1 に示します。

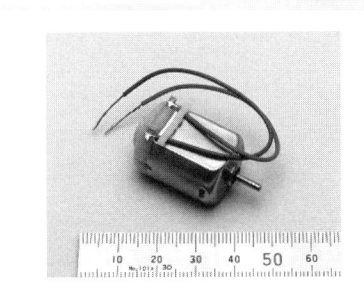

図 9.1 DC モーターの外観

● 参照する節 ●
3.1 節，3.2 節，4.2 節

● 使用するパーツ ●
モータードライバ IC ×1
モーター×1
ボリューム（10kΩ）×1
電池ボックス×1
電池×4
電池スナップ×1

『新しく学ぶプログラム』
なし

図9.2 モータードライバIC

5～6番ピンへの入力とモーターの関係

DCモーターの状態	5番ピン	6番ピン
正転	HIGH	LOW
逆転	LOW	HIGH
ストップ	LOW	LOW
ブレーキ	HIGH	HIGH

ピン	説明
①	GND
②	モーター出力
③	(接続しない)
④	速度調整
⑤	回転方向
⑥	回転方向
⑦	V_{CC} (4.5～20V)
⑧	モーター用電源の＋
⑨	(接続しない)
⑩	モーター出力

▶リスト9.1▶ DCモーターを回す

```
void setup()
{
  pinMode(9,OUTPUT);         // 出力ピンの設定
  pinMode(10,OUTPUT);
  pinMode(11,OUTPUT);
}

void loop()
{
  int val;
  val=analogRead(0);         // ボリュームの値を読む
  if(val<512){
    digitalWrite(10,HIGH);   // モーターの正転の設定
    digitalWrite(11,LOW);
    analogWrite(9,(512-val)/2); // 速度の設定
  }
  else{
    digitalWrite(10,LOW);    // モーターの逆転の設定
    digitalWrite(11,HIGH);
    analogWrite(9,(val-512)/2); // 速度の設定
  }
}
```

プログラムの解説です。

12行目では取得したボリュームの値が512より小さい時（13から15行目で正転），大きい時（18から20行目で逆転）に条件分けをしています。

13, 14行目では正転させるため，10番ピンと11番ピンをそれぞれ"HIGH"と"LOW"に設定しています。

DC モーター・電源	モータードライバ IC		Arduino
電池の− ↔	GND	①	↔ グランドピン
DC モーター ↔	モーター出力	②	
	(接続しない)	③	
	速度調整	④	↔ デジタル 9 番ピン
	回転方向	⑤	↔ デジタル 10 番ピン
	回転方向	⑥	↔ デジタル 11 番ピン
	V_{CC}	⑦	↔ 5V ピン
電池の+ ↔	モーター用電源	⑧	
	(接続しない)	⑨	
DC モーター ↔	モーター出力	⑩	

モータードライバ IC と Arduino の接続

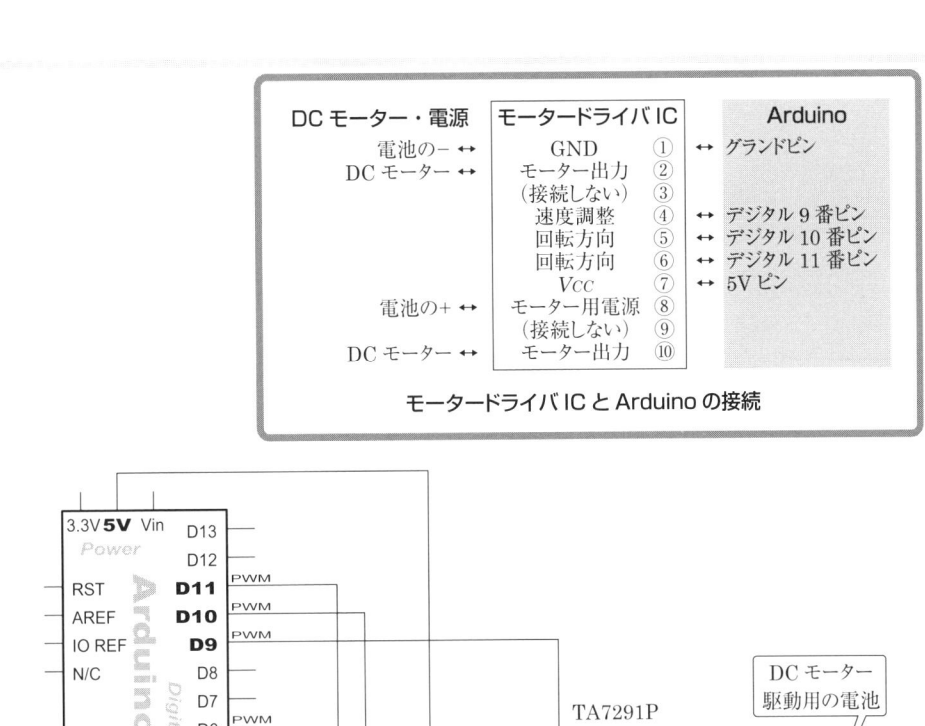

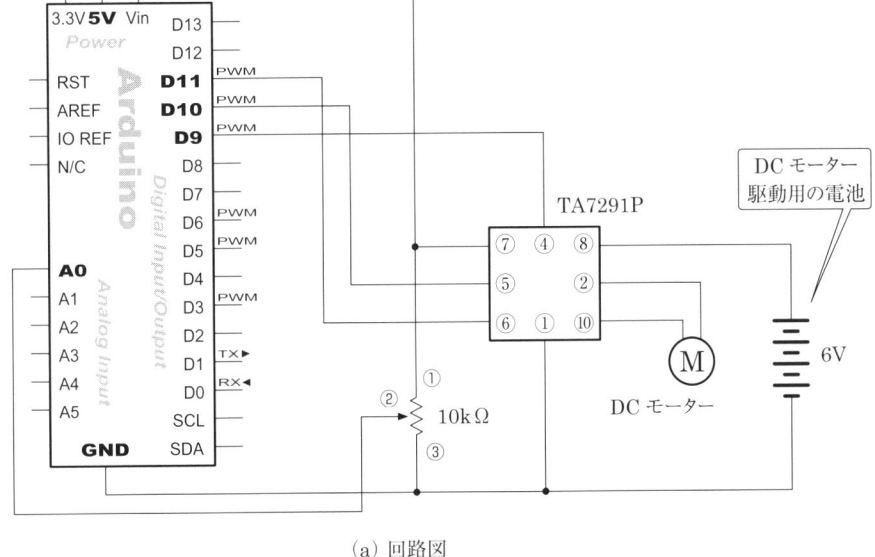

(a) 回路図

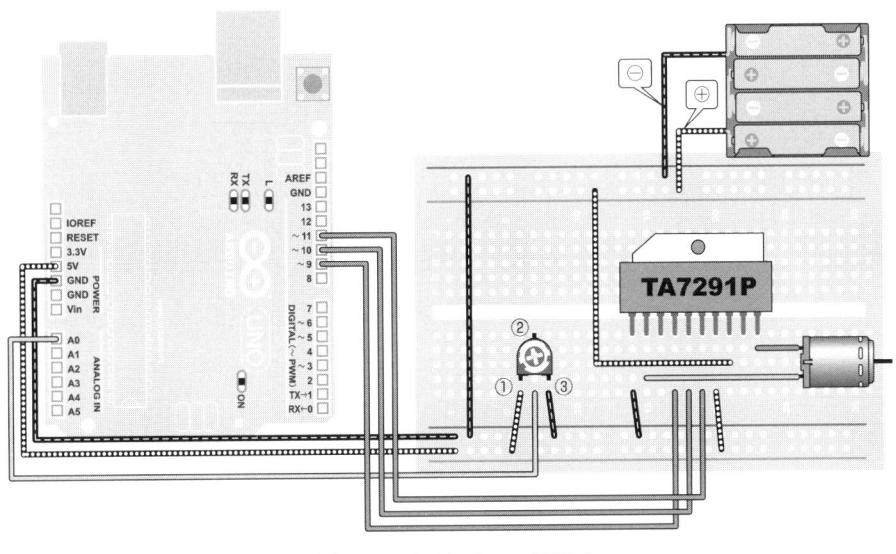

(b) ブレッドボードへの展開図

図 9.3 DC モーターの駆動回路

15行目では，11行目で得たボリュームの値を『512のときは0，0のときは255』となるようにアナログ出力することでモーターの速度を変更しています。

18から20行目までの逆転のための処理は，正転と同様で『512のときは0，1023のときは255』となるようにしています。

実行してボリュームを回すと，速度や回転方向が変わりましたね。

9.2 サーボモーター

サーボモーター[※]はDCモーターのようにくるくると回転はしませんが，指定した角度まで回転させることのできるモーターです。最近のホビー用二足歩行ロボットは，このサーボモーターを多数取り付けて動作をさせています。

この節では，ボリュームによってサーボモーターの角度を変えます。

図9.4 サーボモーターの外観

※ RCサーボともいいます。

● 参照する節 ●
4.2節，6.2節

● 使用するパーツ ●
サーボモーター×1
ボリューム（10kΩ）×1
電池ボックス×1
電池×4
電池スナップ×1

新しく学ぶプログラム

Servo クラス	
メソッド	`void attach(int pin)`
説明	*pin* で指定したピンでサーボモーターを回します。
メソッド	`void write(int angle)`
説明	*angle* で指定した角度だけサーボモーターを回します。角度は0度から180度です。

サーボモーターをボリュームの回転に合わせて回転させるための回路を図9.5に示します。サーボモーターは電源，グランド，信号線の3つの線があり，本書で使用するサーボモーターは赤が電源，黒がグランド，白が信号線となっています。型番が違うサーボモーターを使う時にはつなぐ順番に注意しましょう。モーターを使うのでDCモーターと同様に電池をつなぎます。

プログラムをリスト9.2に示します。サーボモーターのライブラリは最初から入っていますので6.2節のタイマーのようにダウンロードする必要はありません。

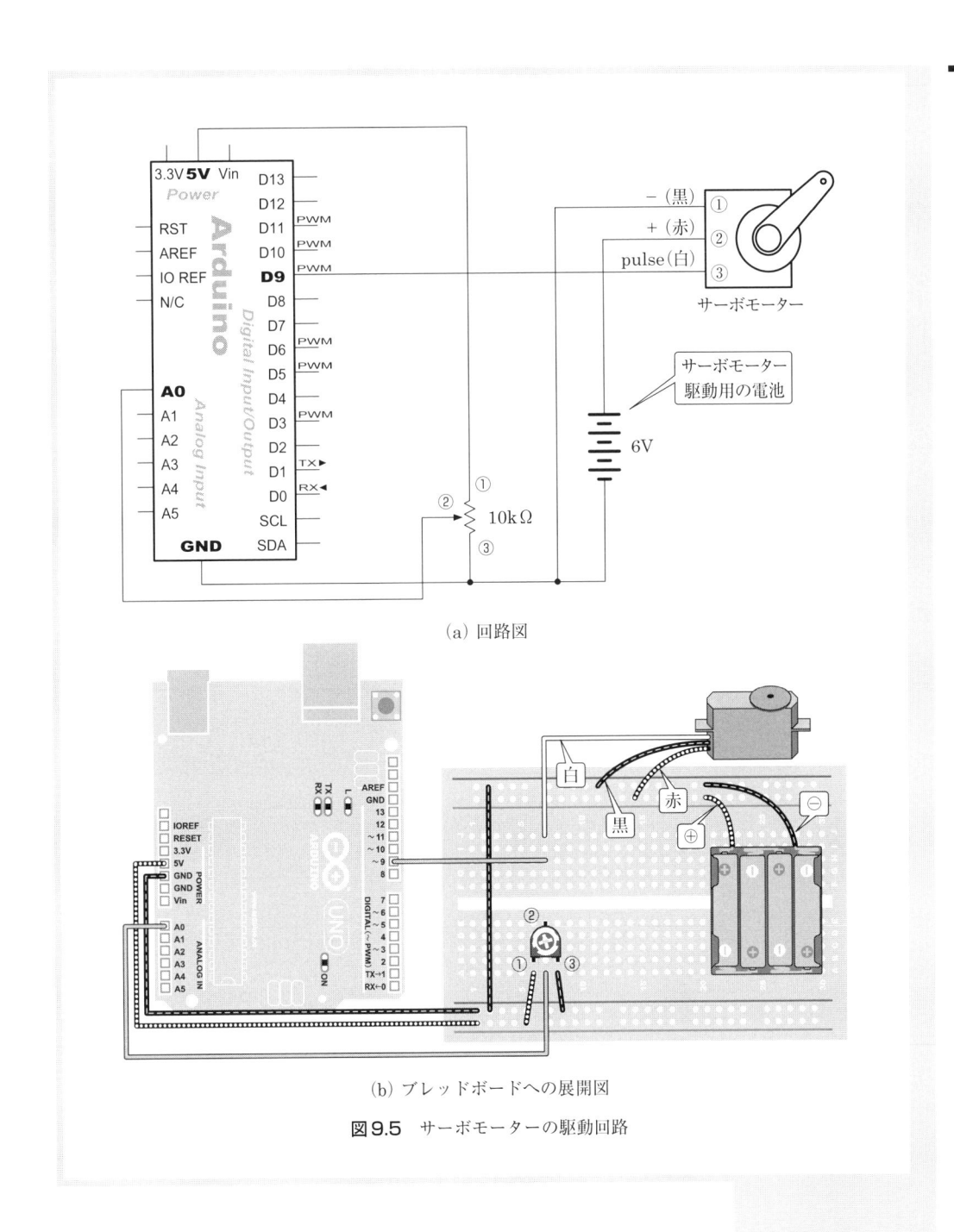

(a) 回路図

(b) ブレッドボードへの展開図

図 9.5 サーボモーターの駆動回路

▶リスト 9.2 ▶ サーボモーターを回す

```
1  #include <Servo.h>
2
3  Servo mServo;                // サーボモーターを使うことを宣言
4
5  void setup()
6  {
```

```
 7      mServo.attach(9);      // 9 番ピンにサーボモーターを付ける
 8    }
 9
10    void loop()
11    {
12      long val=analogRead(0);
13      mServo.write(val*120/1024);    // 120 度に変更
14    }
```

プログラムの解説です。

1 行目にサーボモーターを使うためにライブラリを読み込むことを宣言します。

3 行目でサーボモーターを使うための宣言をします。

7 行目ではサーボモーターの信号線をデジタル 9 番ピンにつなぐことを設定します。

12 行目でボリュームの値を取得し，13 行目でサーボモーターの角度を設定して回転させています[※]。このとき，analogRead 関数で読み込む値が『0 のときは 0 度，1024 のときは 120 度』となるように出力しています。

ボリュームを回すとサーボモーターの角度が変わりましたね。

※ 12 行目では long 型の変数に読み込んでいます。この理由は次のためです。val の最大値は 1023 で，13 行目で val × 120 ÷ 1024 の計算をするとき，1023 × 120 がまず行われます。この値は 122760 となり int 型の最大値 32767（140 ページの C.1 参照）を越えてしまいます。そうすると 1024 で割っても意図した結果が得られないからです。

9.3 ステッピングモーター

ステッピングモーターとは，回転の角度と回転する速さを決めて回すことのできるモーターです。DC モーターやサーボモーターよりも制御が難しいのですが，Arduino のライブラリと専用 IC[※※]を使えば簡単に回すことができます。

この節ではボリュームによってステッピングモーターの角度を変えます。

※※ トランジスタが多数内蔵されている IC（トランジスタアレイ IC）

図 9.6　ステッピングモーターの外観

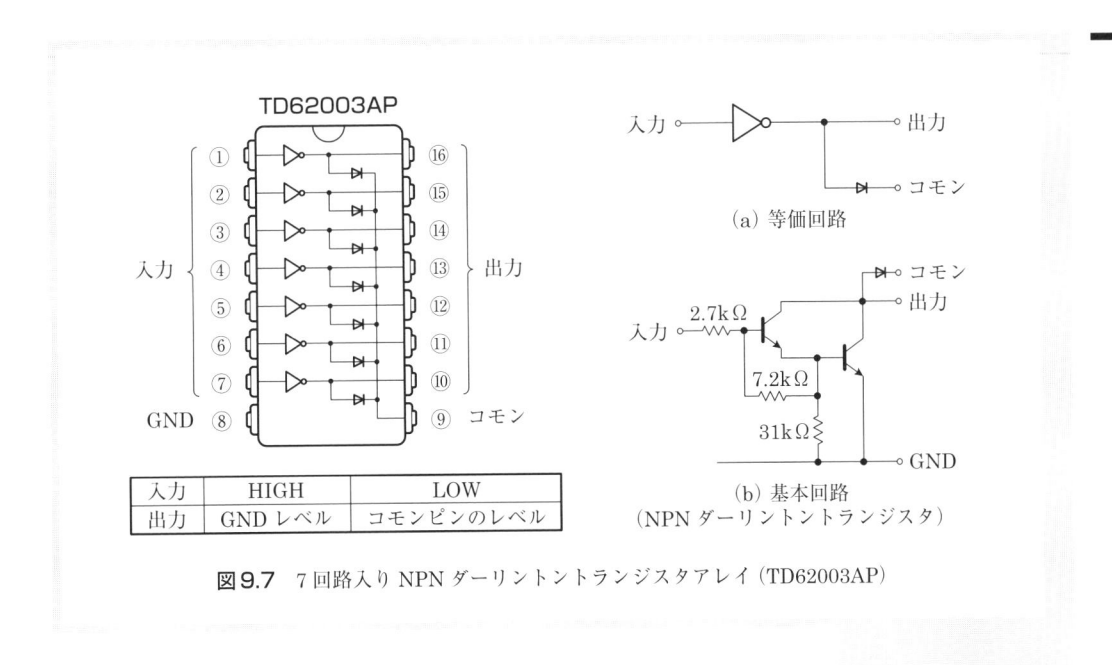

図9.7 7回路入りNPNダーリントントランジスタアレイ（TD62003AP）

新しく学ぶプログラム

Stepper クラス	
インスタンス	`Stepper(int `*`steps`*`, int `*`pin1`*`, int `*`pin2`*`, int `*`pin3`*`, int `*`pin4`*`)`
説明	*steps*に1回転させるときに必要なパルス数を書きます。*pin1*から*pin4*はステッピングモーターのA, B, C, D端子とつなぐピンを設定しています。OとO'端子はステッピングモーターを駆動するための電源のプラスに接続します。
メソッド	`void setSpeed(long `*`rpm`*`)`
説明	*rpm*で指定した速さで回転させるように設定します。
メソッド	`void step(int `*`steps`*`)`
説明	*steps*で指定した角度までsetSpeedメソッドで指定した速さで回転させます。

● 参照する節 ●
4.2節，6.2節

● 使用するパーツ ●
ステッピングモーター×1
IC（TD62003AP）×1
ボリューム（10kΩ）×1
電池ボックス×1
電池×4
電池スナップ×1

ステッピングモーターには**ユニポーラ型**と**バイポーラ型**がありますが，本書ではユニポーラ型の使い方を学びます。

ステッピングモーターを回すための回路を図9.8に示します。

ステッピングモーターのA, B, C, Dはトランジスタアレイ IC を介してデジタル8番から11番ピンに接続しています。OとO'はステッピングモーターを駆動するための電源のプラスに接続します。回路が複雑なので慎重に組みましょう。なお，本書で使用したサーボモー

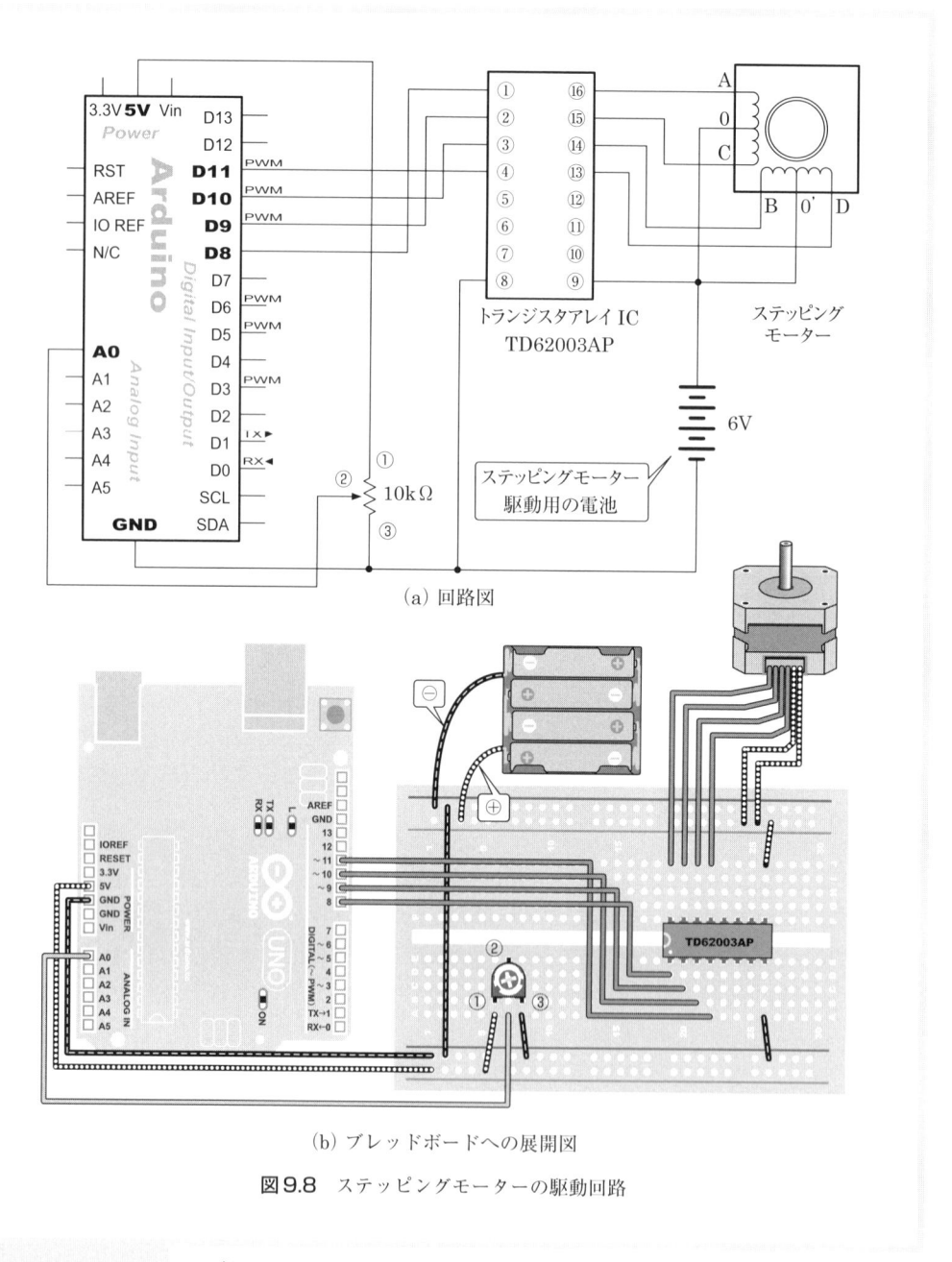

(a) 回路図

(b) ブレッドボードへの展開図

図 9.8 ステッピングモーターの駆動回路

に付属しているケーブルの色は次のようになっていました。

表 9.1

色	赤	白	緑	黄	黒	青
モーター端子	A	O	C	B	O'	D

プログラムをリスト 9.3 に示します。ステッピングモーターのライブラリは最初から入っていますので 6.2 節のタイマーのようにダウンロードする必要はありません。

▶リスト 9.3 ▶ ステッピングモーターを回す

```
#include <Stepper.h>

Stepper stepper(100,8,9,10,11); // ステッピングモーターを使うことの宣言

void setup()
{
  stepper.setSpeed(30);            // 回転速度を30rpmに
}

void loop()
{
  static int pre_val;
  int val;

  val=analogRead(0);
  stepper.step(val-pre_val);     // 前回の回転角度から今回の角度の差だけ回す
  pre_val=val;
}
```

プログラムの解説です。

1行目でステッピングモーターを使うためにライブラリを読み込むことを宣言します。

3行目でステッピングモーターを使うための宣言をします。

7行目でステッピングモーターの回転する速さを設定しています。

15行目でボリュームの値を読み込んでいます。

16行目でステッピングモーターの角度を指定して回しています。このとき，「今の角度からあとどれくらい回すのか」を指定することになるため，『前回の回転角度』から『今回の角度』の差だけを回すようにしています。

実行してボリュームを回すとステッピングモーターが回転しましたね。

第10章 楽器を作って演奏しよう

　Arduinoを使えば電子楽器も簡単に作ることができます。自分で作った楽器で演奏できるなんてわくわくしますね。まずは音の出し方を学んでから，楽器を作りましょう。

10.1 音を出す

● 参照する節 ●
6.1節

● 使用するパーツ ●
圧電ブザー×1

　電子工作の面白さに音を出すことがあります。この節では，その方法について説明します。うまく作れば，曲を演奏することもできます。

新しく学ぶプログラム

tone 関数

書式	`void tone(byte pin, unsigned int frequency)`
説明	圧電ブザーを鳴らすための関数です。 *pin* によって出力ピンを設定し，*frequency* で音の高さ（周波数）を設定します。noTone()関数が実行されるまで音が鳴り続けます。 《注意》この関数を使用したときは，デジタル3番ピンとデジタル11番ピンからのanalogWrite関数に影響を与えます。

noTone 関数

書式	`void noTone(byte pin)`
説明	音を止めます。

　圧電ブザーの赤い線（＋側）をデジタル11番ピンに，黒い線をグランドピンに接続した回路を図10.1に示します。

　「ラ」の音を鳴らすプログラムをリスト10.1に示します．

(a) 回路図 　　　　　　　　　(b) 接続図

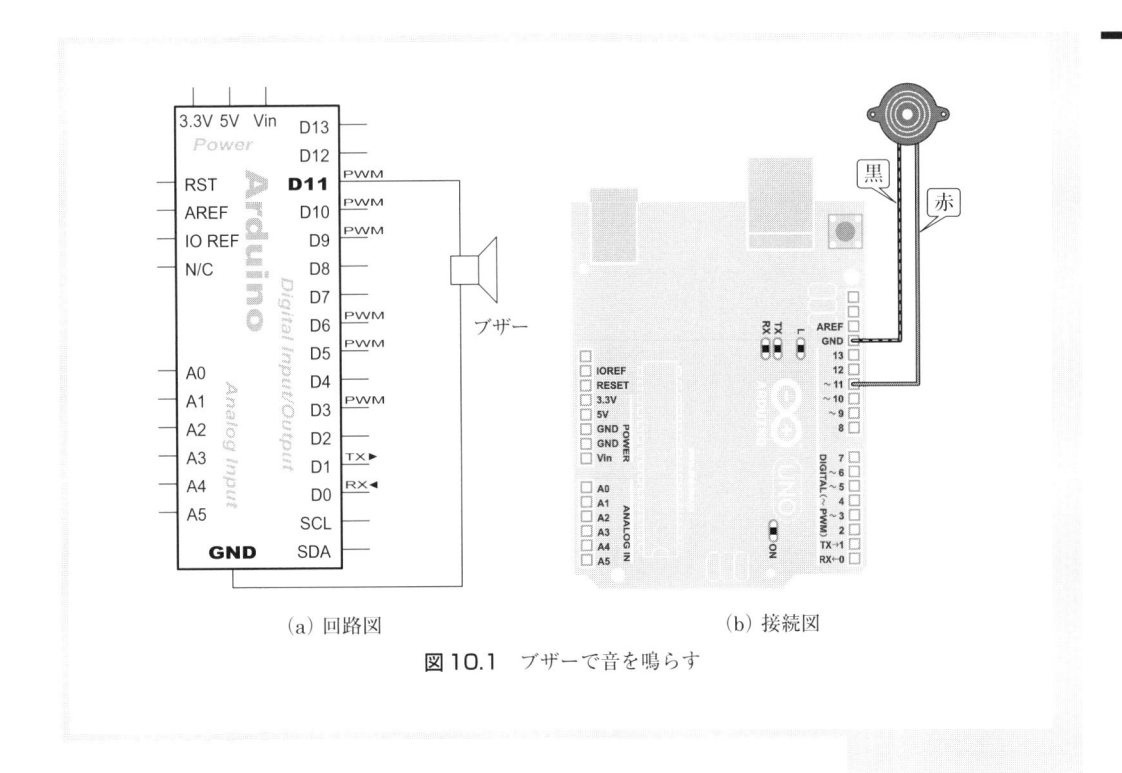

図 10.1　ブザーで音を鳴らす

▶リスト 10.1 ▶　音を鳴らす

```
1  void setup()
2  {
3  }
4
5  void loop()
6  {
7    tone(11,440);         // 11番ピンから440Hz（ラ）の音を出す
8  }
```

※ tone 関数を使うときには pinMode 関数で出力に設定する必要はありません。

実行すると「ラ」の音が出ましたね。

7 行目で 440Hz の音を出力しています。この値を変更するといろいろな音を出すことができます。周波数と音の関係を表 10.1 に示しますので，いろいろな音を出してみてください。

表 10.1　ドレミの音階（平均律）

音	ド	レ	ミ	ファ	ソ	ラ	シ	ド
周波数〔Hz〕	262	294	330	349	392	440	494	523

また，6.1節の時間待ちをうまく使うと，曲を奏でることができます。たとえば，以下のプログラムでは「ぶんぶんぶん（蜂が飛ぶ〜）」という音楽が流れます。

▶リスト10.2▶　音楽を鳴らす

```
void setup()
{
}

void loop()
{
  tone(11, 392);        //         「ソ」    （ぶん）
  delay(500);           // 0.5 秒待ち
  noTone(11);           // 音を止める
  tone(11, 349);        //         「ファ」  （ぶん）
  delay(500);           // 0.5 秒待ち
  noTone(11);           // 音を止める
  tone(11, 330);        //         「ミ」    （ぶん）
  delay(500);           // 0.5 秒待ち
  noTone(11);           // 音を止める
  delay(500);           // 0.5 秒待ち
  tone(11, 294);        //         「レ」    （は）
  delay(250);           // 0.5 秒待ち
  noTone(11);           // 音を止める
  tone(11, 330);        //         「ミ」    （ち）
  delay(250);           // 0.5 秒待ち
  noTone(11);           // 音を止める
  tone(11, 349);        //         「ファ」  （が）
  delay(250);           // 0.5 秒待ち
  noTone(11);           // 音を止める
  tone(11, 294);        //         「レ」    （と）
  delay(250);           // 0.5 秒待ち
  noTone(11);           // 音を止める
  tone(11, 262);        //         「ド」    （ぶ）
  delay(500);           // 0.5 秒待ち
  noTone(11);           // 音を止める
  delay(2000);          // 2 秒待ち
}
```

Tips　tone 関数の正体

tone 関数の出力は周期を設定できるデューティー比 50% の信号です。電子工作の上級者になると，この性質をうまく利用できるかもしれませんね。

10.2　電子ピアノ

ピアノみたいに演奏できる楽器を作りましょう．8個のスイッチを押すとそれぞれの音程の音がブザーから鳴って，離すと止まるようにします．

電子ピアノはスイッチをデジタル0番ピンから7番ピンに接続して，ブザーをデジタル11番ピンに接続しています．その回路を図10.2に示します．

プログラムをリスト10.3に示します．

● 参照する節 ●
4.1節, 6.1節, 10.1節

● 使用するパーツ ●
圧電ブザー×1
スイッチ×8
抵抗（10kΩ）×8

『新しく学ぶプログラム』
なし

▶リスト10.3▶　電子ピアノ

```
 1  void setup()
 2  {
 3    pinMode(0,INPUT);              // スイッチのための入力設定0番から7番
 4    pinMode(1,INPUT);
 5    pinMode(2,INPUT);
 6    pinMode(3,INPUT);
 7    pinMode(4,INPUT);
 8    pinMode(5,INPUT);
 9    pinMode(6,INPUT);
10    pinMode(7,INPUT);
11  }
12
13  void loop()
14  {
15    if(digitalRead(0)==LOW){       //0番につながるスイッチが押された
16      tone(11,262);                //「ド」の音を出す
17    }
18    else if(digitalRead(1)==LOW){  //1番につながるスイッチが押された
19      tone(11,294);                //「レ」の音を出す
20    }
21    else if(digitalRead(2)==LOW){  //2番につながるスイッチが押された
22      tone(11,330);                //「ミ」の音を出す
23    }
24    else if(digitalRead(3)==LOW){  //3番につながるスイッチが押された
25      tone(11,349);                //「ファ」の音を出す
26    }
27    else if(digitalRead(4)==LOW){  //4番につながるスイッチが押された
28      tone(11,392);                //「ソ」の音を出す
29    }
30    else if(digitalRead(5)==LOW){  //5番につながるスイッチが押された
31      tone(11,440);                //「ラ」の音を出す
32    }
33    else if(digitalRead(6)==LOW){  //6番につながるスイッチが押された
```

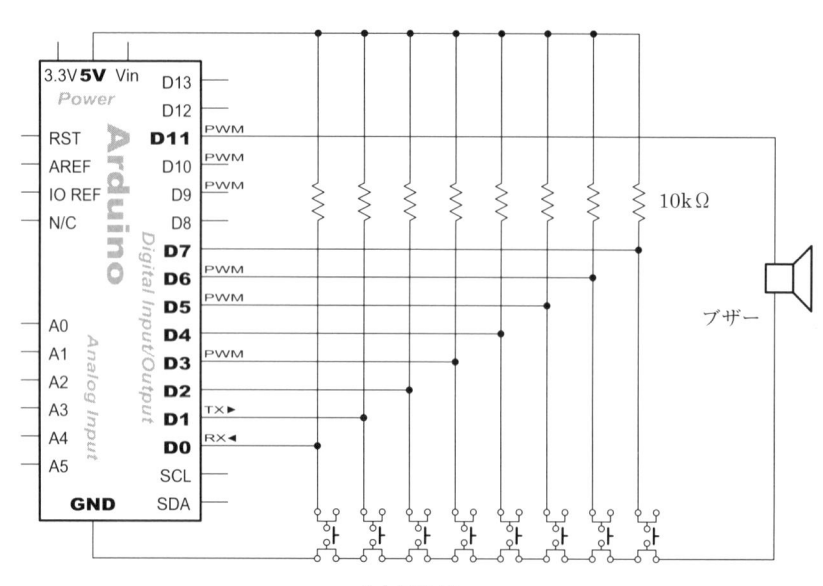

(a) 回路図

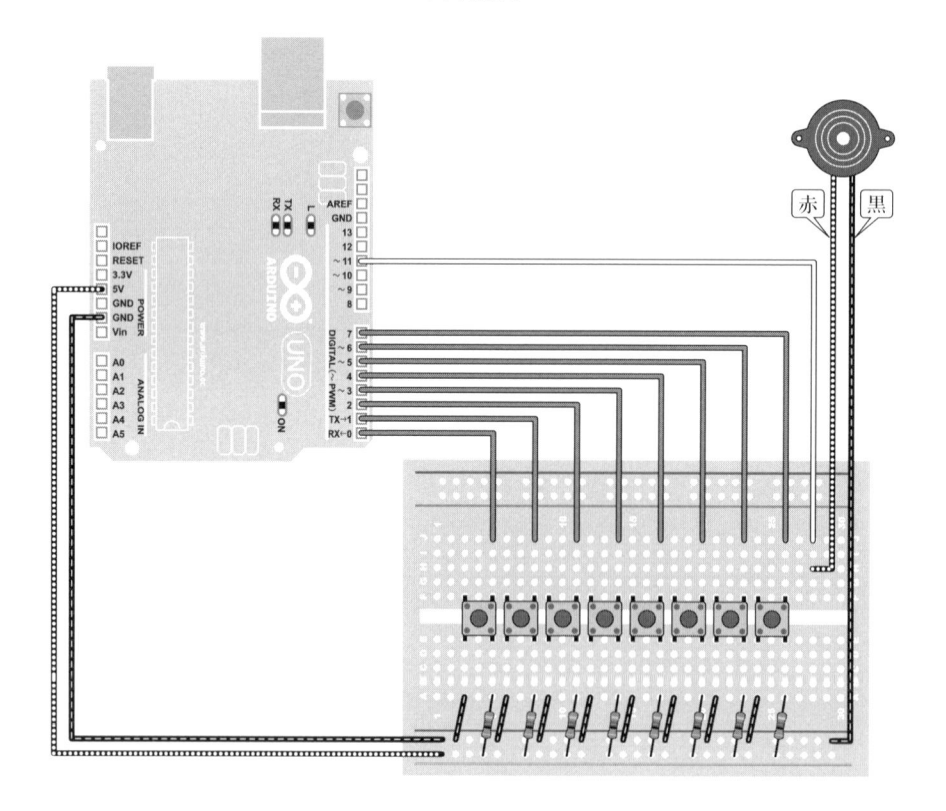

(b) ブレッドボードへの展開図

図10.2 電子ピアノを作る

```
34        tone(11,494);                    //「シ」の音を出す
35      }
36      else if(digitalRead(7)==LOW){      // 7 番につながるスイッチが押された
37        tone(11,523);                    //「ド」の音を出す
38      }
39      else{                              // スイッチが押されていない場合
40        noTone(11);                      // 音を止める
41      }
42
43      delay(50);                         // 0.05 秒待つ
44    }
```

プログラムの解説です。

1 行目から 11 行目までの setup 関数の中で 8 個の入力ピンと，1 個の出力ピンを設定しています。

15 行目から 38 行目では，それぞれのスイッチが押されたらその音を出しています。

39 行目から 41 行目でスイッチが押されていなければ音を止めています。

自分で作った楽器を演奏できるなんて楽しいですね。

10.3 テルミン

「テルミン」という楽器を知っていますか？ テルミンの近くの空中に手をかざすだけでいろいろな音程が出る楽器で，見ていてとても不思議です。この節ではテルミンをまねて距離センサーから手までの距離を変えることで音程を変更する楽器を作ります。この節で作るテルミンの

● 参照する節 ●
8.1 節，10.1 節

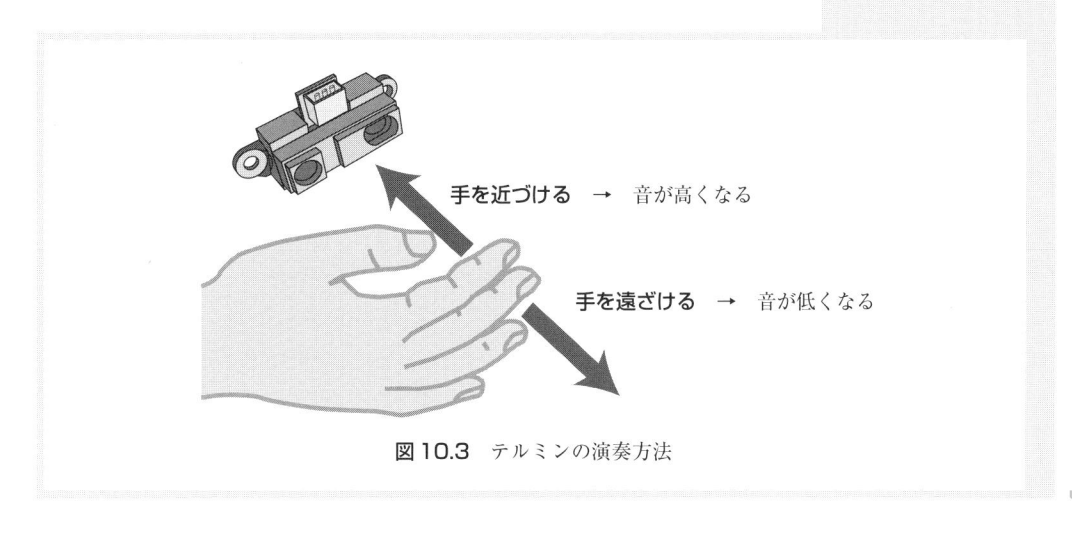

図 10.3 テルミンの演奏方法

● 使用するパーツ ●

圧電ブザー×1
距離センサー×1

「新しく学ぶプログラム」

なし

演奏方法の概略を図 10.3 に示します。

回路を図 10.4 に示します。この回路は 8.1 節と 10.1 節の回路を組み合わせたものとなります。

プログラムをリスト 10.4 に示します。とても短いですね。

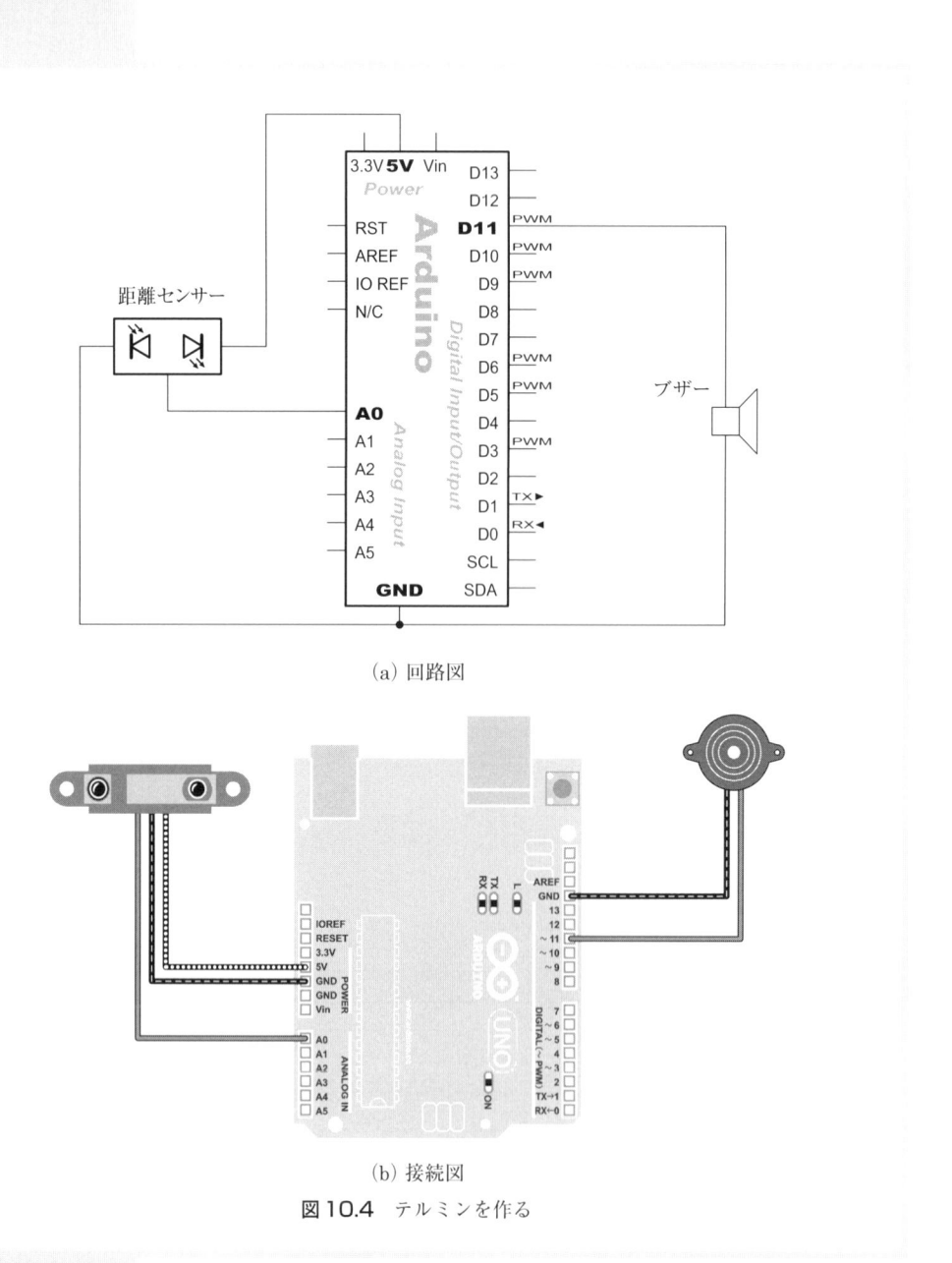

(a) 回路図

(b) 接続図

図 10.4　テルミンを作る

▶リスト 10.4 ▶ テルミン

```
1  void setup()
2  {
3  }
4
5  void loop()
6  {
7    int val;
8    val=analogRead(0);      // 距離センサーの値を読み取る
9    tone(11,val);           // ブザーで音を出す。
10 }
```

プログラムの解説です。

8行目のanalogRead関数で距離センサーの値を読み取っています。変数valに入る値は0から1023です。10.1節の表10.1に示したように，ドレミファソラシドは262Hzから523Hzまでです。出したい音域をすべてカバーしていますね。

9行目で読み取った値をそのままtone関数の入力として音を出しています。

たとえば，「ラ」の音を出すとき手をセンサーからどの程度離せばよいのかを考えます。「ラ」の音の周波数は440Hzです。この周波数の音を出すには，距離センサーから出力される電圧（V_{in}）が次の式を満たせばよいこととなります。

$$440 = V_{in} \times \frac{1023}{5}$$

ここで，5で割っているのは5VのときにanalogRead関数で読み取る値が1023となるからです。この式から入力電圧V_{in}は約2.15Vとなります。そこで，8.1節の図8.2に示した距離センサーの距離と電圧の関係のグラフより，だいたい10cmの位置に手をおけば「ラ」の音がでることとなります。

このようにして距離と音の関係をまとめたものが表10.2となります。ノイズや誤差がかなりありますので，目安として考えてください。

実行して超音波センサーと手の距離を変えるといろいろな音が出ましたね。練習していろいろな曲に挑戦してみてください。

表10.2 それぞれの音を出すための距離センサーから手までの距離の目安

音	ド	レ	ミ	ファ	ソ	ラ	シ	ド
距離〔cm〕	18.0	16.5	14.5	14.0	11.5	10.0	9.0	8.0

Tips　きれいな音を出すために

　距離センサーにかなりのノイズが含まれるため，リスト 10.4 を実行するとぶつぶつ途切れた変な音になってしまうと思います。そこで，10 回計測したデータの平均値を tone 関数に入れるとだいぶきれいな音になります。そのプログラムをリスト 10.5 に示します。

▶リスト 10.5 ▶　テルミン（平均値を用いてなめらかに）

```
 1  void setup()
 2  {
 3  }
 4
 5  void loop()
 6  {
 7    int i;
 8    static int val[11];   // 10回の計測データを保存しておく変数
 9    int val_a;            // 平均値
10    val_a=0;
11    val[10]=analogRead(0);
12    for(i=0;i<10;i++){    // 10回の平均を計算（ここから）
13      val[i]=val[i+1];
14      val_a+=val[i];
15    }
16    val_a/=10;            // 10回の平均を計算（ここまで）
17
18    tone(11,val_a);       // ブザーで音を出す
19  }
```

第11章 ゲームを作ろう

　これまでに学んだことを組み合わせてゲームを作りましょう。紹介するゲームは単純ですが，自分で作ると楽しいですよ。これを改造してもっと面白いゲームに仕上げてみてください。

11.1　リズムゲーム

　LED（3.1節）とスイッチ（4.1節）を使ってゲームを作ります。このゲームは4つのLEDを図11.1のように一列に配置して，左から右に順番に点滅させます。いちばん右のLEDが光ったときにスイッチを押す[※]と「成功」です。成功すると光の移動が速くなります。タイミングがずれると「失敗」で，最初の速さからになります。どこまでスピードアップができるかを競いましょう。

※ スイッチは1秒以上押したままにして下さい。これは，光が次の場所に移るときに入力の判定をしているためです。一番右が光り始めてから消えるまでの間にスイッチを押し始めて，1～2秒くらい押したままにしましょう。

図11.1　リズムゲームのルール

　4つのLEDはデジタル9番ピンから12番ピンにつなぎ，スイッチはデジタル2番ピンにつなぎます。この回路を図11.2に示します。
　プログラムをリスト11.1に示します。

● 参照する節 ●
3.1節，4.1節，6.1節

● 使用するパーツ ●
LED×4
スイッチ×1
抵抗（330Ω）×4
抵抗（10kΩ）×1

『新しく学ぶプログラム』
なし

▶リスト 11.1 ▶ リズムゲーム

```
1  void setup()
2  {
3    pinMode(2,INPUT);              // スイッチ用
4    pinMode(9,OUTPUT);             // LED 用
5    pinMode(10,OUTPUT);            // LED 用
6    pinMode(11,OUTPUT);            // LED 用
```

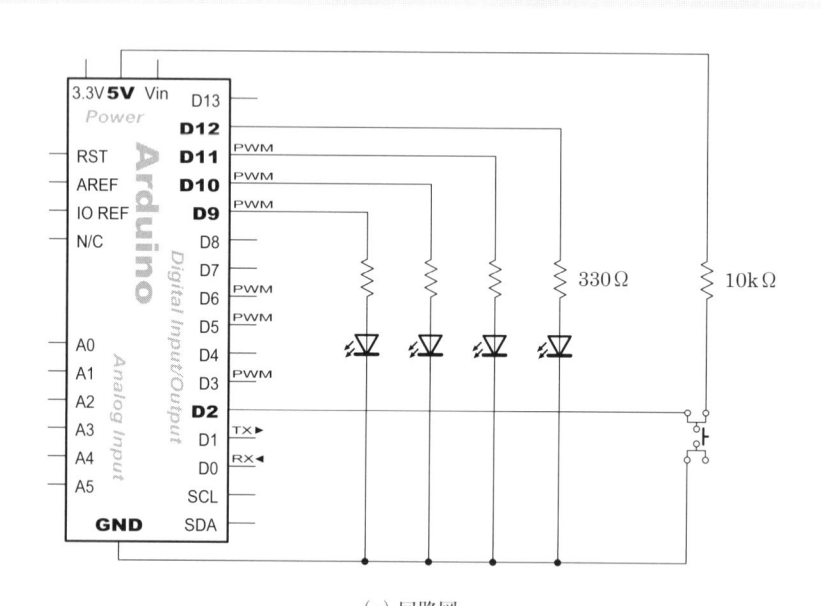

(a) 回路図

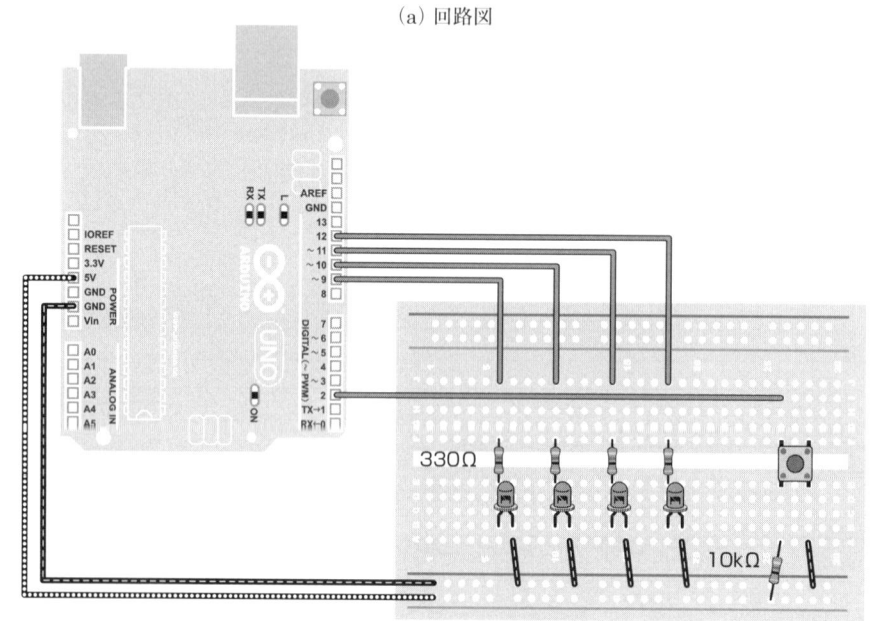

(b) ブレッドボードへの展開図

図 11.2　リズムゲームを作る

```
 7    pinMode(12,OUTPUT);            // LED 用
 8  }
 9
10  void loop()
11  {
12    static int wait_t=1000;         // 移動速度を決める変数
13
14    digitalWrite(9,HIGH);           // 一番左の LED を光らせる
15    delay(wait_t);                  // wait_t の値だけ待つ
16    while(digitalRead(2)==LOW){     // 押されているか？
17      wait_t=1000;                  // 初期速さに戻す
18    }
19    digitalWrite(9,LOW);            // 一番左の LED を消す
20
21    digitalWrite(10,HIGH);          // 左から 2 番目の LED を光らせる
22    delay(wait_t);                  // 以下同様
23    while(digitalRead(2)==LOW){
24      wait_t=1000;
25    }
26    digitalWrite(10,LOW);
27
28    digitalWrite(11,HIGH);          // 左から 3 番目の LED を光らせる
29    delay(wait_t);                  // 以下同様
30    while(digitalRead(2)==LOW){
31      wait_t=1000;
32    }
33    digitalWrite(11,LOW);
34
35    digitalWrite(12,HIGH);          // 一番右の LED を光らせる
36    delay(wait_t);
37    if(digitalRead(2)==LOW){
38      while(digitalRead(2)==LOW);
39      wait_t-=100;                  // 移動速度を 0.1 秒速くする
40      if(wait_t<100){               // 0.1 秒より小さくなったらクリア
41        digitalWrite(9,HIGH);       // 全部の LED を光らせる
42        digitalWrite(10,HIGH);
43        digitalWrite(11,HIGH);
44        digitalWrite(12,HIGH);
45        delay(1000);                // 1 秒待つ
46        digitalWrite(9,LOW);        // 全部の LED を消す
47        digitalWrite(10,LOW);
48        digitalWrite(11,LOW);
49        digitalWrite(12,LOW);
50        wait_t=1000;                // 初期速さに戻す
51      }
52    }
53    digitalWrite(12,LOW);
54  }
```

プログラムの解説です。

12 行目で宣言している wait_t という変数は LED の光が切り替わる

速さを決める変数です。はじめに wait_t に 1000 を代入しています。つまり，はじめは 1 秒ごとに LED の光る位置が切り替わるようになっています。

10 行目以降の loop 関数では以下の処理が行われています。

- LED を光らせる（14 行目，21 行目，28 行目，35 行目）
- wait_t の値に従って時間待ち（15 行目，22 行目，29 行目，36 行目）
- 光っている間にスイッチが押されたかの判別（16 行目，23 行目，30 行目，37 行目）

  失敗：LED の切り替えるための時間待ちを最初の値に戻す（17 行目，24 行目，31 行目）

  成功：LED の点灯速度を速くする（39 行目）さらに，wait_t が決まった値（100）よりも小さくなったら，LED をすべて光らせてゲームクリアを知らせる（40 から 51 行目）

- LED を消す（19 行目，26 行目，33 行目，53 行目）

単純ですがけっこうおもしろいですよ。

> **Tips　もっと面白くするために**
>
> LED を増やしてもっと長い列にしたり，ブザーを付けて LED の光る位置が切り替わるたびに音が鳴るようにしたりしてみましょう。

11.2　スプーンゲーム

● 参照する節 ●
6.1 節，7.3 節，8.3 節，10.1 節

● 使用するパーツ ●
ドットマトリックス×1
抵抗（1kΩ）×8
3軸加速度センサーモジュール×1
圧電ブザー×1

「新しく学ぶプログラム」
なし

スプーンの上にピンポン球を乗せて運ぶレースがありますね。加速度センサー（8.3 節）とドットマトリックス（7.3 節）を使って同じようなゲームを作りましょう。

ドットマトリックスの中の 1 つの LED を光らせて，それをピンポン玉と考えましょう。3 軸加速度センサーの X 方向と Y 方向の値を読み取って，それに合わせてドットマトリックスの LED の光る位置を変えます。

回路は図 11.3 となっています。7.3 節のドットマトリックスの回路に，8.3 節の加速度センサーと 10.1 節のブザーを取り付けたものとなります。

3 軸加速度センサーの傾きによって LED の光る位置を変えて，傾き

(a) 回路図

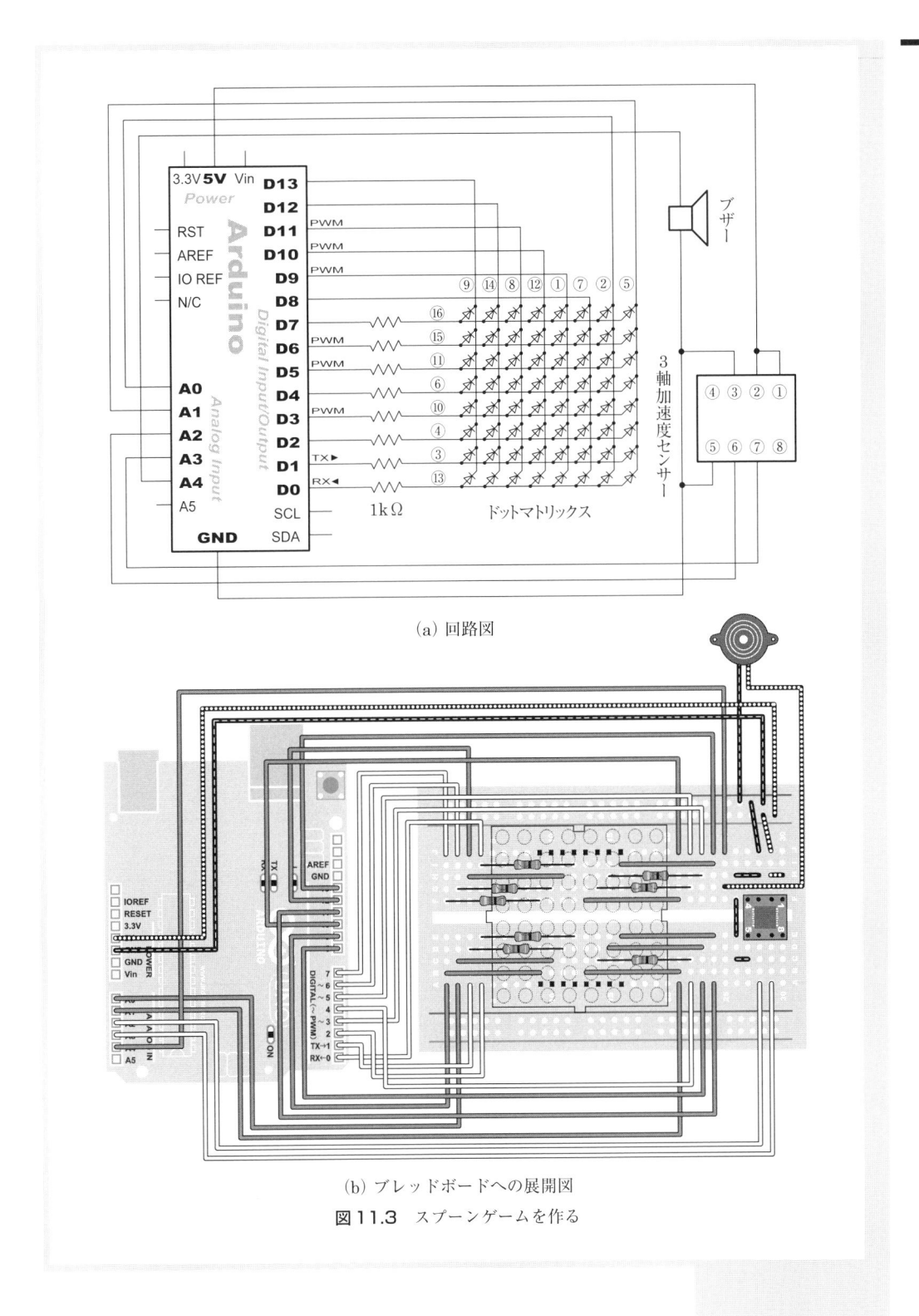

(b) ブレッドボードへの展開図
図 11.3　スプーンゲームを作る

が大きくなりすぎると表示が消えて音が鳴るようにしました。

　そのプログラムをリスト 11.2 に示します。

▶リスト11.2 ▶　スプーンゲーム

```
1   int val_x0,val_y0;                    // 初期値の保存用
2   
3   void setup(){
4     int i;
5     for(i=0;i<16;i++){        // デジタル0から13とアナログ0と1をデジタル出力に
6       pinMode(i,OUTPUT);
7     }
8     for(i=0;i<8;i++){                   // ドットマトリックスをすべて消灯
9       digitalWrite(i,LOW);
10    }
11    for(i=8;i<16;i++){
12      digitalWrite(i,HIGH);
13    }
14    val_x0=analogRead(2);               // 加速度センサーのX方向の初期値
15    val_y0=analogRead(3);               // 加速度センサーのY方向の初期値
16  }
17  
18  void loop(){
19    static long row=0,col=8;
20  
21    int val_x,val_y;
22    val_x=analogRead(2)-val_x0;         // 初期値を引くことで加速度センサーが
23    val_y=analogRead(3)-val_y0;         // どれだけ傾いているか計算
24  
25    digitalWrite(row,LOW);              // 現在光っているLEDを消灯
26    digitalWrite(col,HIGH);
27  
28    row=(val_x+40)/10;                  // 横列の選択
29    col=(val_y+40)/10;                  // 縦列の選択
30  
31    if(row<0 || row>7 || col<0 || col>7){ // ドットマトリックスの範囲からはみだしたかの確認
32      tone(18,220);                     // その範囲から出ていれば音を1秒鳴らす
33      delay(1000);
34      noTone(18);
35      row=0;
36      col=0;
37    }
38  
39    col+=8;                             // 縦列は8から16なので8を足す
40  
41    digitalWrite(row,HIGH);             // LEDを点灯
42    digitalWrite(col,LOW);
43  }
```

プログラムの解説です。

1行目は最初の状態でドットマトリックスの真ん中のLEDが点灯するように，初期状態の加速度センサーの値を保存しておく変数を設定しています。

5 から 13 行目までは 7.3 節と同じくドットマトリックスを光らせるためのピンの設定です。

14, 15 行目は加速度センサーの初期値を読み込んでいます。

22, 23 行目は加速度センサーが最初の状態からどれだけ傾いたかを計測しています。

28, 29 行目ではどの位置を光らせるかを計算しています。row は横列，col は縦列です。たとえば val_x が 20 だった場合は左から 6 番目の位置，-12 だった場合には左から 2 番目の位置となります。

31 から 37 行目は球が外に出た（ドットマトリックスの表示範囲外を光らせようとした）時の処理です。音を 1 秒間鳴らして，球が外に出たことを知らせます。

39 行目では計算した col に 8 を足しています。これは，縦列はデジタル 8 番から 16 番ピンに割り当てられているためです。

実行してから加速度センサーを傾けると LED の位置が変わり，大きく傾けるとブザーが鳴りましたね。使う時は電池を利用してパソコンと接続しないで使用したほうがおもしろいと思います。

> **Tips もっと面白くするために**
>
> 少しでも傾けたら球が落ちるように，29, 30 行目の値を変えてみましょう（40 → 20，10 → 5）。さらに，傾きによって音を変えてみても面白いかもしれませんね。

11.3 モグラたたきゲーム

モグラがぴょこっと顔を出して，そのモグラを叩くゲームがありますね。サーボモーター（9.2 節）でモグラの顔を出して，静電容量センサー（8.6 節）を使って叩いたことを判別するゲームを作りましょう。

● 参照する節 ●
6.1 節, 8.6 節, 9.2 節, 10.1 節

● 使用するパーツ ●
抵抗（10MΩ）×2
サーボモーター×1
圧電ブザー×1
ユニバーサルアーム×1
アルミホイル

新しく学ぶプログラム

millis 関数

書式	`unsigned long millis()`
説明	プログラムの経過時間をミリ秒で返します。

図11.4 モグラたたきゲームの外観

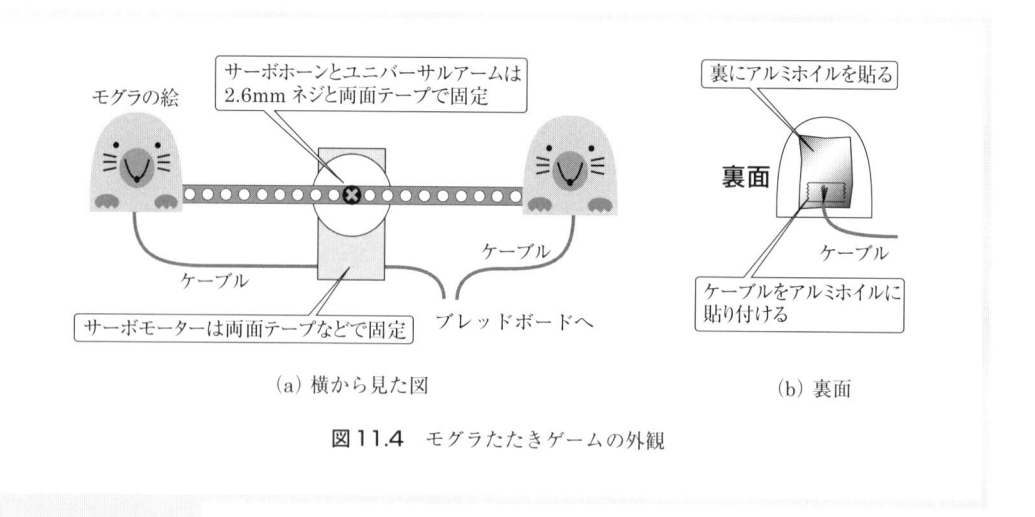

(a) 横から見た図
(b) 裏面

静電容量センサーはアルミホイルがスイッチの代わりになります。そして，直接触れなくても近付いただけで反応しますし，自由な形に作ることができます。この性質を利用して，紙で作ったモグラに貼り付けて使います。

作成するゲームの外観を図11.4に示します。このゲームではモグラは2匹とします。サーボモーターの回転部分に棒（ユニバーサルアーム）を付けてその両端に紙に書いたモグラの絵を切り抜いたものを付けます。そのモグラの裏面に静電容量センサーのためのケーブルを貼り付けたアルミホイルを付けて，そのケーブルをブレッドボードにつなぎます。サーボモーターを回すと一方のモグラが上に来ますね。ゲームをするときには「ついたて」などを置いてサーボモーターを回転させたときだけモグラが出てくるようにした方が面白くなります。

この回路を図11.5に示し，プログラムをリスト11.3に示します。

▶リスト11.3▶ モグラたたきゲーム

```
1   #include <CapSense.h>
2   #include <Servo.h>
3
4   CapSense cs_4_5=CapSense(4,5);  // 静電容量センサーを4,5番ピンで使う宣言
5   CapSense cs_4_6=CapSense(4,6);  // 静電容量センサーを4,6番ピンで使う宣言
6   Servo mServo;                   // サーボモーターを使うことを宣言
7
8   void setup()
9   {
10    cs_4_5.set_CS_AutocaL_Millis(0xFFFFFFFF);
11    cs_4_6.set_CS_AutocaL_Millis(0xFFFFFFFF);
12    mServo.attach(9);             // 9番ピンにサーボモーターを付ける
13    mServo.write(60);             // 初期角度は60度
```

```
14    Serial.begin(9600);
15  }
16
17  void loop()
18  {
19    int pos;                       // どちらのモグラを出すか，または出さないかを決める変数
20    int wait_t;
21    int cs45,cs46;
22
23    pos=random(1,4);               // 1から3までのランダムな数
24    wait_t=random(300,1000);       // 上にあがっている時間を決める
25
26    if(pos==1){
27      mServo.write(0);             // 角度を0度にして一方のモグラを上に
28      delay(wait_t);               // 上にあがって時間を待つ
29      cs45=cs_4_5.capSense(30);
30      if(cs45>200){                // 触れられたら
31        tone(11,440);              // 音を出す
32        delay(500);
33        noTone(11);
34      }
35    }
36    else if(pos==2){
37      mServo.write(120);           // 角度を120度にしてもう一方のモグラを上に
38      delay(wait_t);               // 上にあがって時間を待つ
39      cs46=cs_4_6.capSense(30);
40      if(cs46>200){                // 触れられたら
41        tone(11,262);              // 音を出す
42        delay(500);
43        noTone(11);
44      }
45    }
46    mServo.write(60);              // 角度を初期角度に戻す
47    delay(500);
48    Serial.print(cs45);            // デバッグ用出力
49    Serial.print("¥t");
50    Serial.println(cs46);
51
52    if(millis()>60000){
53      tone(11,330);                // 音を出す
54      delay(1000);
55      noTone(11);
56      while(1);                    // 無限ループ．リセットボタンを押して再スタート
57    }
58  }
```

(a) 回路図

(b) ブレッドボードへの展開図

図 11.5 モグラたたきゲームを作る

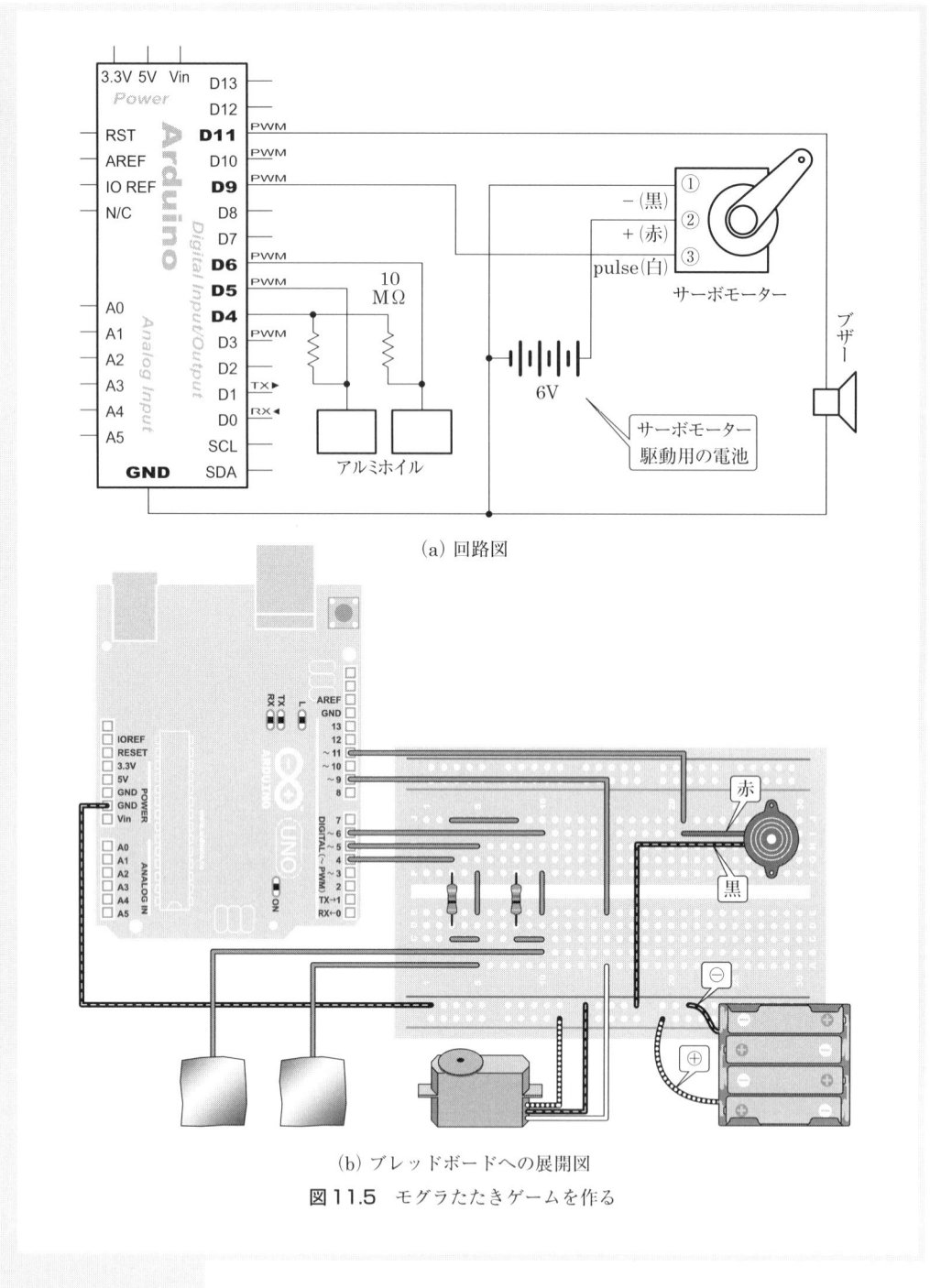

プログラムの解説です。

4, 5行目はデジタル4番から6番ピンまでを静電容量センサーとして使う宣言です。

6行目はサーボモーターを使う宣言です。

13行目でサーボモーターの角度を60度にしています。これはちょうど真ん中の角度になります。このときにユニバーサルアームが図11.4

のように水平になるように調節してください。

19 行目の pos はどちらのモグラが顔を出すかを決める変数で，23 行目で 1 から 3 までのランダムな数が入ります。1 は一方のモグラが顔を出す，2 はもう一方のモグラとし，3 はどちらのモグラも顔を出さないとしています。毎回出てくると面白みがないですからね。

20 行目の wait_t はどのくらいの時間モグラが顔を出しているかを決める変数で，24 行目で 0.3 秒から 1 秒の間でランダムに決まります。

26 から 35 行目は pos が 1 だった時の処理です。

27 行目でサーボモーターを 0 度にしています。これにより左のモグラが顔を出します。

28 行目で wait_t で決められた時間だけ待ちます。

30 行目はモグラが顔を出した時に触れていたかどうかを判別し，31 行目では触れた場合には 440Hz の音を出します。

36 行目からは pos が 2 の時の処理が書いてあります。これは pos が 1 の場合とほとんど変わりません。

52 から 57 行目はプログラム開始時から 1 分間たったら終了するための処理です。1 秒間音を鳴らした後，56 行目で無限ループに入ります。もう一度ゲームをする場合はリセットボタンを押します。

実行するとモグラが顔を出します。叩くとこわれてしまうので，モグラに軽く触れる感じで楽しんでください。モグラにうまく触れると音が出ます。何回モグラを叩けるか競うと面白いですね[※]。

※このプログラムではモグラの出るパターンが毎回ほぼ同じです。毎回違うパターンとするには『randomSeed 関数（135 ページの A.8 を参照）』を使います。

Tips　もっと面白くするために

この節ではモグラが 2 匹でしたが，サーボモーターや静電容量センサーを増やしてたくさんのモグラが出てくるようにすると面白くなりそうですね。

第12章 ロボットを作ろう

ラインに沿って走る車型のロボットと，指の動きに合わせて動くロボットアームを作ってみましょう。実際に動くロボットを作るのはわくわくしますね。

12.1 ライントレースロボット

● 参照する節 ●
8.4 節，9.1 節

『新しく学ぶプログラム』
なし

ライントレースロボットは図 12.1 に示すように前方に白と黒を判別できるセンサーを搭載し，2 つの車輪で移動する車型のロボットです。DC モーター（9.1 節）と光センサー（8.4 節）を組み合わせて作ります。

ラインに沿って進ませるためには図 12.2 のように，両方のセンサー

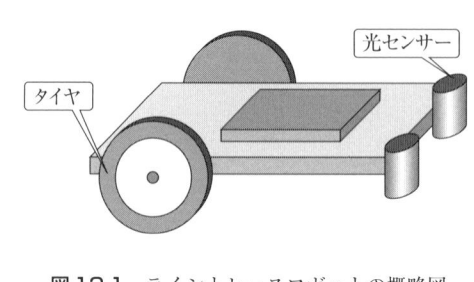

図 12.1 ライントレースロボットの概略図

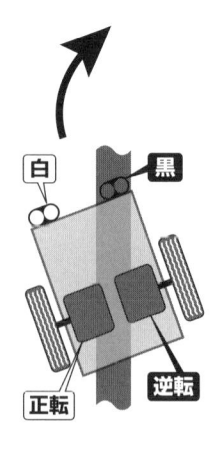

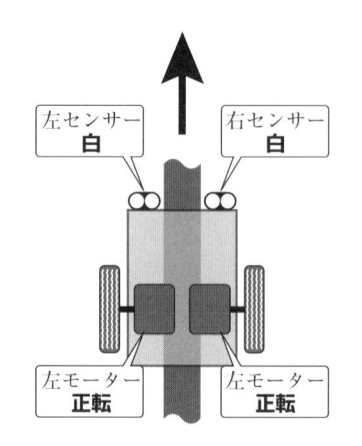

(a) 右回転の動作　　(b) 直進の動作　　(c) 左回転の動作

図 12.2 センサーとモーター回転のルール

が白の上にあるとき直進，右のセンサーが黒の上にあるとき右回転，左のセンサーが黒の上のときは左回転といったルールをプログラムします。こうすることで「うねうね」としながらラインに沿って動きます。

作成するロボットは 9.1 節で使用したモータードライバ IC を 2 つ使

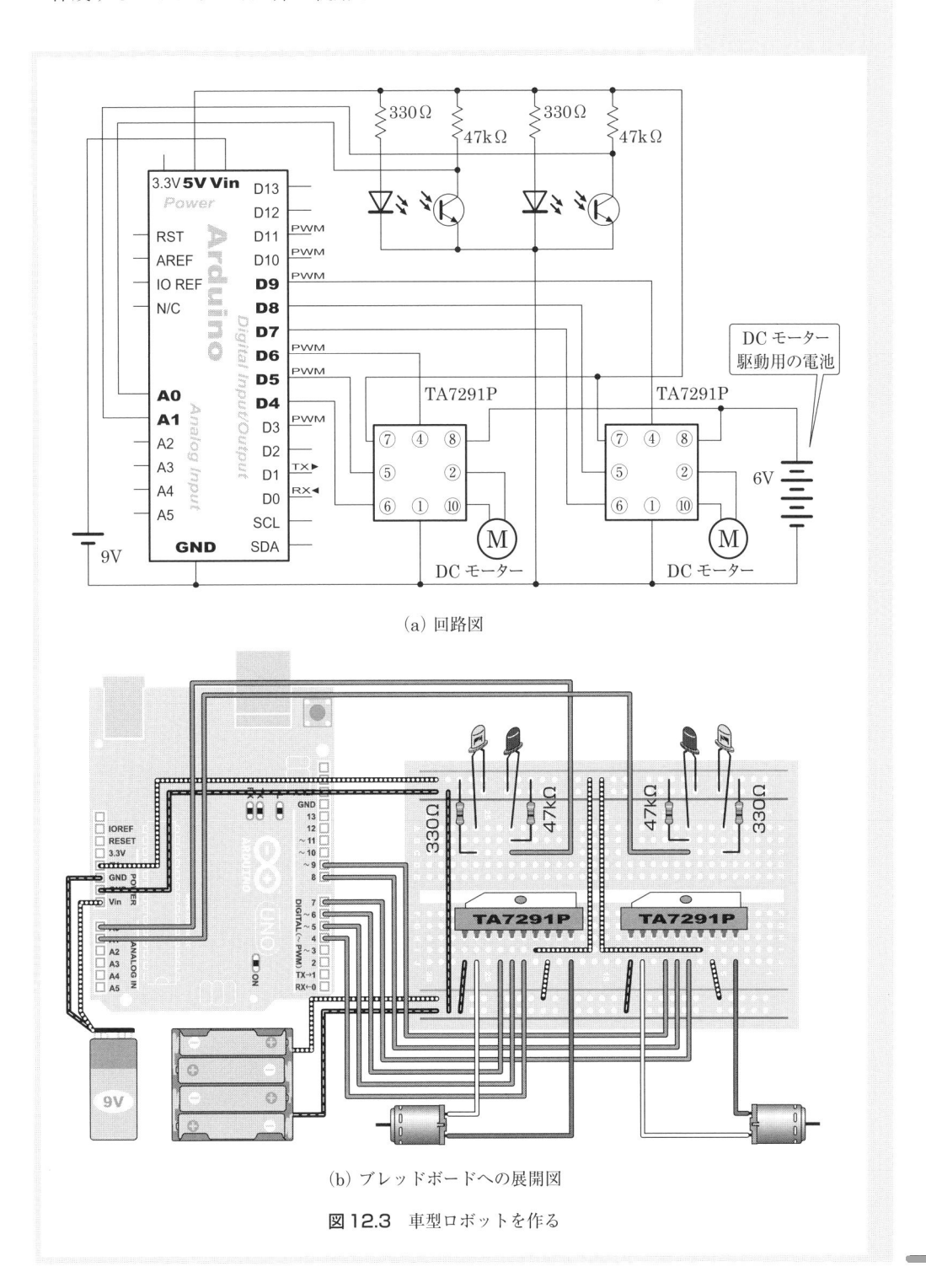

(a) 回路図

(b) ブレッドボードへの展開図

図 12.3 車型ロボットを作る

● 使用するパーツ ●

モータードライバIC×2
ダブルギヤボックス×1
ナロータイヤセット×1
ユニバーサルプレート×1
ボールキャスター×1
赤外線LED×2
フォトトランジスタ×2
抵抗（330Ω）×2
抵抗（47kΩ）×2

って2つのDCモーターで左右のタイヤを駆動させます。

そして，2つの光センサーでラインを判別します。これを行うためのArduinoのピンの割り当てを表12.1に示し，その回路を図12.3に示します。ライントレースロボットのモーターやキャスター，ブレッドボードやArduinoなどを取り付ける位置の概略図を図12.4に示します。

ユニバーサルプレートへのギヤボックスの取り付けはギヤボックスの説明書に書いてありますので参考にしてください。ギヤボックスとボー

表12.1　Arduinoのピンの関係

Arduinoのピン	用途
デジタル4番ピン	右タイヤ用モーターの正転・逆転用
デジタル5番ピン	右タイヤ用モーターの正転・逆転用
デジタル6番ピン	右タイヤ用モーターの速度調整用
デジタル7番ピン	左タイヤ用モーターの正転・逆転用
デジタル8番ピン	左タイヤ用モーターの正転・逆転用
デジタル9番ピン	左タイヤ用モーターの速度調整用
アナログ0番ピン	右の光センサーの値の読み込み用
アナログ1番ピン	左の光センサーの値の読み込み用

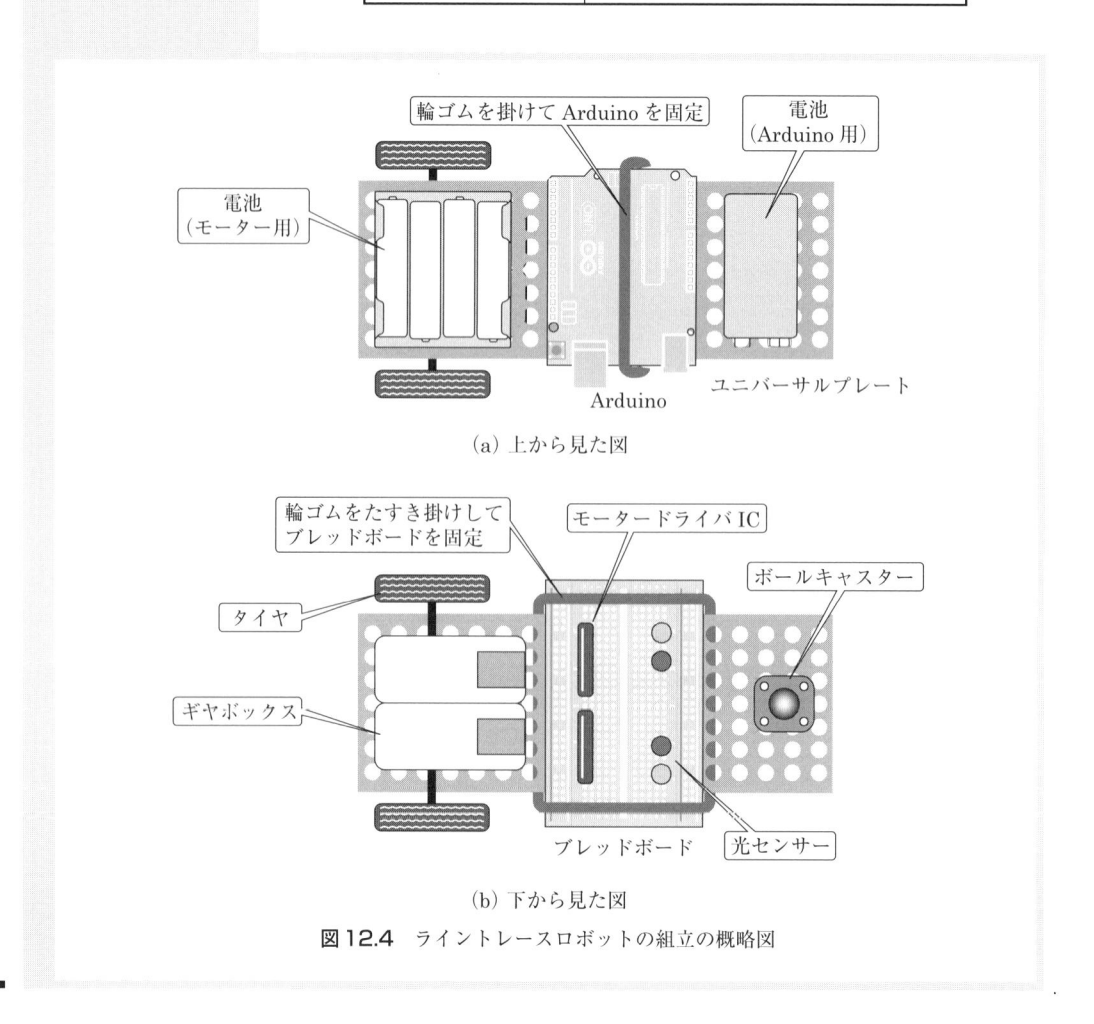

(a) 上から見た図

(b) 下から見た図

図12.4　ライントレースロボットの組立の概略図

ルキャスターの間にブレッドボードが入りますので，なるべく離して取り付けましょう。ロボットを力強く動かすためにギヤボックスのギヤ比は 344.2：1 としてあります。ボールキャスターの高さは 37mm としました。ブレッドボードは輪ゴムでユニバーサルプレートにたすき掛けで固定し，Arduino は輪ゴムを掛けることで固定しました。そして，光センサーで使用する赤外線 LED とフォトトランジスタは足を切らずにブレッドボードに差し込むとちょうど良い高さとなります。このとき，

(a) 上から見た図

(b) 下から見た図

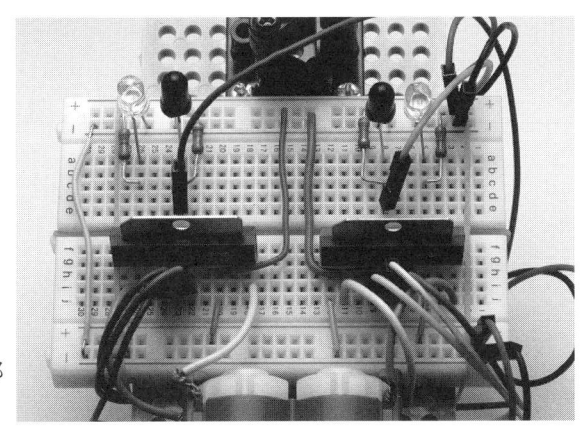

(c) ブレッドボード部

図 12.5 ライントレースロボットの完成写真

短絡を防ぐためにテープなどで覆うことをお勧めします。組み立てると図 12.5 のようになります。

ライントレースロボットのプログラムをリスト 12.1 に示します。

▶リスト 12.1 ▶　ライントレースロボット

```
 1  void setup()
 2  {
 3    pinMode(4,OUTPUT);        // モーターを回すための出力設定
 4    pinMode(5,OUTPUT);
 5    pinMode(6,OUTPUT);
 6    pinMode(7,OUTPUT);
 7    pinMode(8,OUTPUT);
 8    pinMode(9,OUTPUT);
 9
10    Serial.begin(9600);
11  }
12
13  void loop()
14  {
15    int v0,v1;
16
17    v0=analogRead(0);         // 右の光センサーの値を読む
18    if(v0<512){               // 512 以下ならば
19      digitalWrite(4,HIGH);   // 正転
20      digitalWrite(5,LOW);
21      analogWrite(6,128);
22    }
23    else{                     // そうでなければ
24      digitalWrite(4,LOW);    // 逆転
25      digitalWrite(5,HIGH);
26      analogWrite(6,128);
27    }
28
29    v1=analogRead(1);         // 左の光センサーの値を読む
30    if(v1<512){               // 512 以下ならば
31      digitalWrite(7,HIGH);   // 正転
32      digitalWrite(8,LOW);
33      analogWrite(9,128);
34    }
35    else{                     // そうでなければ
36      digitalWrite(7,LOW);    // 逆転
37      digitalWrite(8,HIGH);
38      analogWrite(9,128);
39    }
40    Serial.print(v0);         // デバッグ用
41    Serial.print("¥t");
42    Serial.println(v1);
43  }
```

プログラムの解説です。

17行目はアナログ0番ピンにつなげた右の光センサーの値を読み取っています。

18行目から27行目まではその値が512より大きい（白い部分）の場合は左タイヤにつながっているモーターを正転させ，そうでない（黒い部分）場合は逆転させています。

29行目から39行目まではもう一方のセンサーとタイヤの回転方向について同様の処理を行っています。

40行目から42行目までは読み取ったセンサーの値をデバッグのためにパソコンへ送っています。

このプログラムの値は白い床に黒いビニールテープでラインを引いたときに筆者の環境でうまくいった値です。この値は実験する環境によってずいぶん異なりますので，シリアルモニタで白・黒のときの光センサーの値を確認してください。その値をもとにして白黒を判定するための値を変えてうまくラインに沿って走れるように調整してください。モーターの速度を変えたりしてうまく走れるように改造してみましょう。うまく実行できると図12.6のようにラインに沿って移動できます。

また，モーターとモータードライバICのつなぎ方によっては設定したルールとは反対方向に動くことがあります。その場合はモーターのつなぎ方（モータードライバICの5番ピンと6番ピン）を反対にしてみて下さい。

図12.6 ラインに沿って進むライントレースロボットの連続写真（合成）

12.2 ロボットアーム

●参照する節●
8.2節, 9.2節

●使用するパーツ●
サーボモーター×2
曲げセンサー×2
抵抗（10kΩ）×2

『新しく学ぶプログラム』
なし

指の曲げ具合を曲げセンサー（8.2節）で計り，それによってサーボモーター（9.2節）を動かす**ロボットアーム**を作りましょう．うまく調節すると，指の曲げ伸ばしに合わせて動くロボットアームとなります．

まず，ロボットアームの組立ての概略図を図12.7に示します．ユニバーサルプレートとそれについてくるアングル（L字の部品）を使って下のサーボモーターを固定します．そして，サーボホーン（サーボモーターの回転軸に取り付ける部品）とサーボモーターを固定するねじをはずして，その穴とユニバーサルアームの穴が合うようにサーボホーンにユニバーサルアームを両面テープで固定します．さらに，ユニバーサルアームの穴にM2.6のネジを差し込んでユニバーサルアームごと固定します．このように両面テープを使うとサーボホーンの空転をある程度防止することができます．

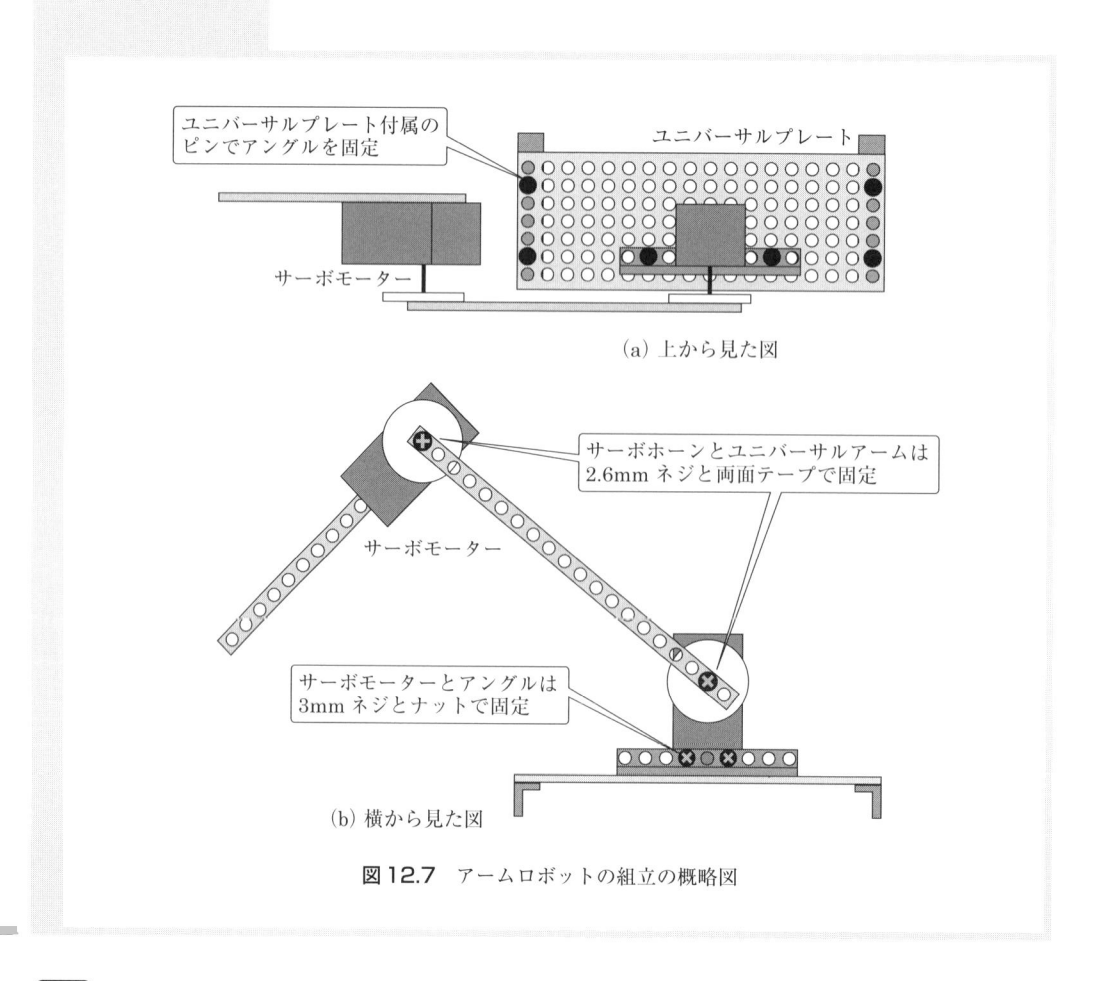

(a) 上から見た図

(b) 横から見た図

図12.7　アームロボットの組立の概略図

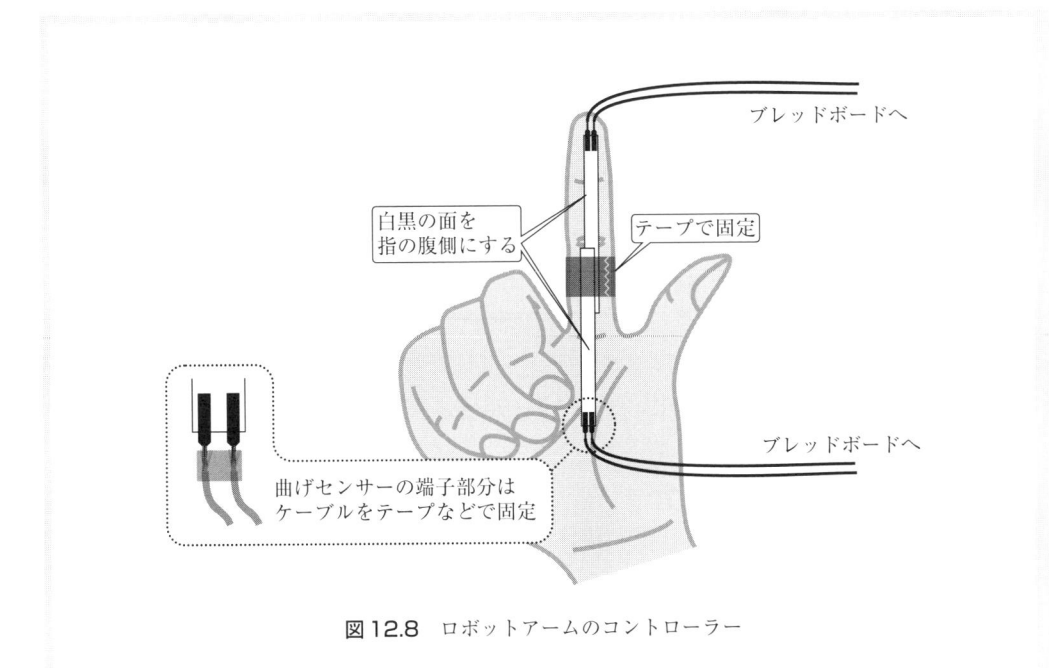

図 12.8　ロボットアームのコントローラー

　次に，指に付つけるコントローラーを図 12.8 に示します。これは 2 つの曲げセンサーをテープで指に固定します。きつく止めすぎないように注意してください。このように固定すると指を曲げると曲げセンサーも曲がります。その曲がりを Arduino で計測することでサーボモーターを動かします。このコントローラーを使ってロボットアームを動かすための回路を図 12.9（次ページ）に示します。

　このロボットアームを組み立てると図 12.10 のようになります。

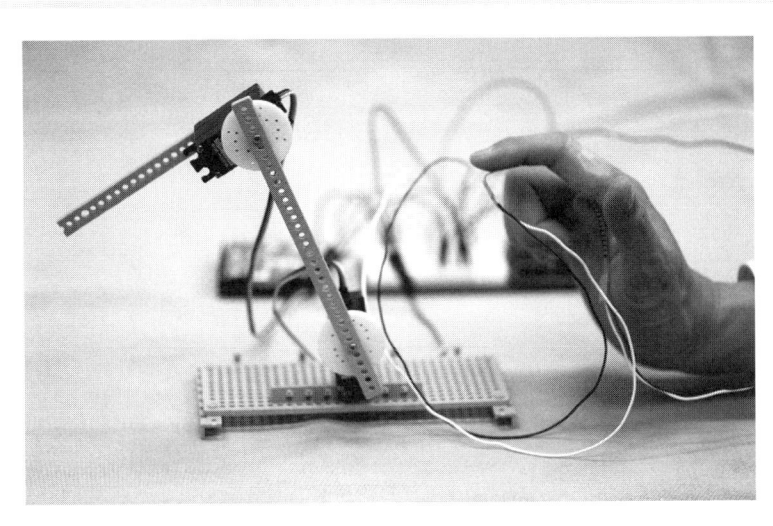

図 12.10　ロボットアームの完成写真

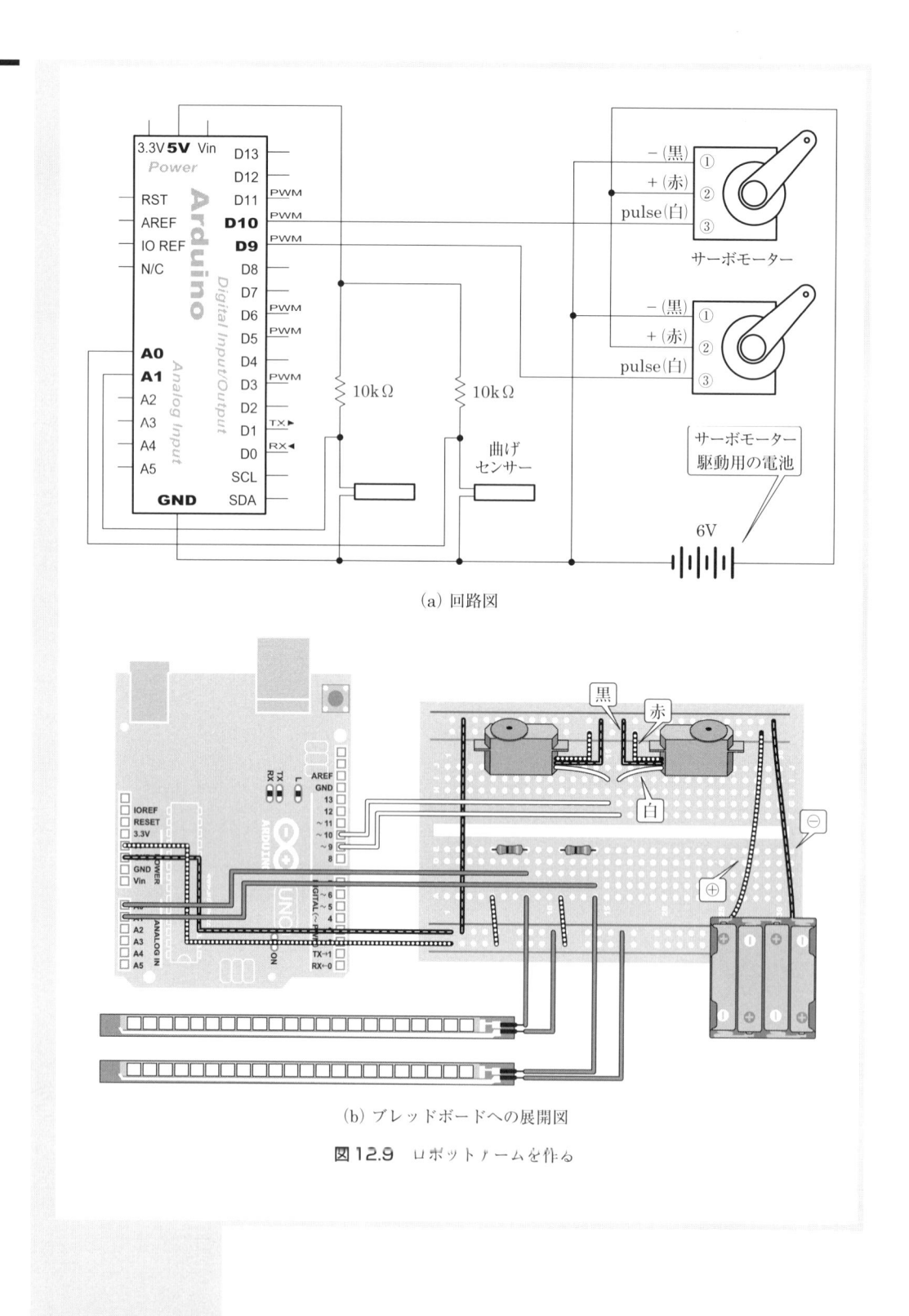

(a) 回路図

(b) ブレッドボードへの展開図

図12.9 ロボットアームを作る

ロボットアームのプログラムをリスト12.2に示します。

▶リスト12.2▶　ロボットアーム

```
1   #include <Servo.h>
2
3   Servo mServo0,mServo1;      // サーボモーターを使うことを宣言
4   long val0c,val1c;           // 初期値の保存用
5
6   void setup()
7   {
8     int i;
9     mServo0.attach(9);        // 9番ピンにサーボモーターを付ける
10    mServo1.attach(10);       // 10番ピンにサーボモーターを付ける
11    delay(500);
12    val0c=analogRead(0);      // 曲げセンサー初期値
13    val1c=analogRead(1);      // 曲げセンサー初期値
14
15    Serial.begin(9600);
16  }
17
18  void loop()
19  {
20    int i;
21    long int val0a,val1a;
22    val0a=analogRead(0);      // 曲げセンサーの値を読み取る
23    val1a=analogRead(1);      // 曲げセンサーの値を読み取る
24
25    mServo0.write((val0a-val0c)/40.0*90);// サーボモーターを回転
26    mServo1.write((val1a-val1c)/40.0*90);// サーボモーターを回転
27
28    Serial.print(val0c);      // デバッグ用
29    Serial.print("¥t");
30    Serial.print(val0a);
31    Serial.print("¥t");
32    Serial.print(val1c);
33    Serial.print("¥t");
34    Serial.println(val1a);
35  }
```

プログラムの解説です。

3行目で2つのサーボモーターを使うことを宣言しています。

9，10行目でそれぞれのサーボモーターをデジタル9番ピンと10番ピンで動かすように設定しています。

22，23行目で指に取り付けた曲げセンサーの値を読み取ります。

25，26行目で曲げセンサーから得られた値によってサーボモーターを動かしています。ここでは初期値との差を取ることでどの程度曲がったかを求めます。そして，曲げセンサーを90度程度曲げたときには

8.2節の結果から30から50程度変化することが分かっていますので，サーボモーターが約90度曲がるように90/40を掛けています。

以上の動作を繰り返すことでロボットアームを動かしています。

> **Tips** なめらかな動作にするために
>
> リスト12.2のプログラムでは動きがカクカクしたり，アームがふらふらと勝手に動いたりしてしまうことがあります。そこで，10.3節のリスト10.5と同様に，10回計測した平均値を使うとよりスムーズになります。そのプログラムをリスト12.3に示します。

▶リスト12.3▶ ロボットアーム（平均値を用いてなめらかに）

```
1   #include <Servo.h>
2
3   Servo mServo0,mServo1;        // サーボモーターを使うことを宣言
4   long int val0c,val1c;         // 初期値の保存用
5   int val0[10],val1[10];        // 10回の計測結果の保存用
6
7   void setup()
8   {
9     int i;
10    mServo0.attach(9);          // 9番ピンにサーボモーターを付ける
11    mServo1.attach(10);         // 10番ピンにサーボモーターを付ける
12    delay(500);
13    val0c=0;                    // 平均値の計算
14    val1c=0;
15    for(i=0;i<10;i++){
16      val0[i]=analogRead(0);
17      val1[i]=analogRead(1);
18      val0c+=val0[i];
19      val1c+=val1[i];
20    }
21    val0c/=10;
22    val1c/=10;
23  }
24
25  void loop()
26  {
27    int i;
28    long val0a,val1a;
29    val0a=0;                    // 平均値の計算
30    val1a=0;
31    for(i=0;i<9;i++){
32      val0[i]=val0[i+1];
33      val1[i]=val1[i+1];
34      val0a+=val0[i];
```

```
35      val1a+=val1[i];
36    }
37    val0[9]=analogRead(0);    // 曲げセンサーの値を読み取る
38    val1[9]=analogRead(1);    // 曲げセンサーの値を読み取る
39    val0a+=val0[9];
40    val1a+=val1[9];
41    val0a/=10;
42    val1a/=10;
43    mServo0.write((val0a-val0c)/40.0*90);    // サーボモーターを回転
44    mServo1.write((val1a-val1c)/40.0*90);    // サーボモーターを回転
45  }
```

第13章 Arduino を使いつくそう

Arduino を使いつくすために少し難しい機能や発展的な電子工作の説明をします。この章の内容を使ってさらに高度な電子工作にチャレンジしてみてください。

13.1 ポート単位のデジタル出力

いくつかの LED をまとめて光らせたり消したりするなど，複雑な電子工作をするときには一度にたくさんのピンを変化させたいことがよくあります。ここではその方法を紹介します。ただし，"Atmega328" を搭載している Arduino Uno の場合にのみ，本書の内容がそのまま使えます。上級者は巻末の付録 D の回路と見比べてください。その他の Arduino の場合にはそれぞれの Arduino の回路図を調べる必要があります。

ポートレジスタ※として図 13.1 のような 3 つが使えます。

① **ポート D**　　デジタル 0 番から 7 番ピンにつながっています。ただし，デジタル 0 番と 1 番ピンはシリアル通信に使っています。

- 入出力の設定レジスタ : DDRD

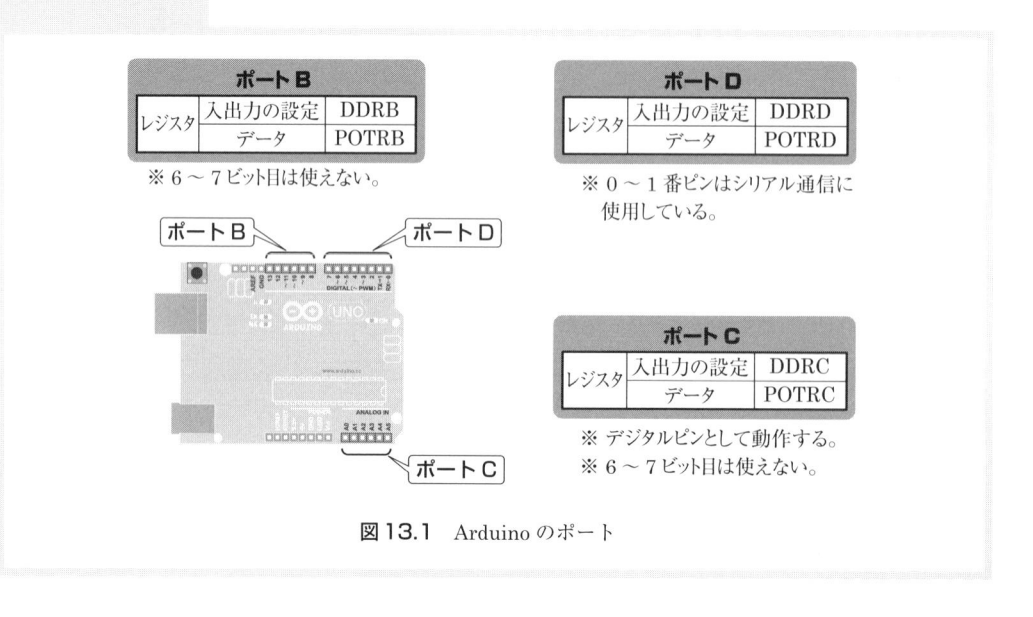

※ レジスタとは，ある機能をもつ変数の一種のようなものです。たとえば，入出力設定レジスタとは，各ビットがそれぞれピンに割り当てられていて，0 または 1 とすることでピンを入力として使うのか出力として使うのかを設定できる機能をもっています。

レジスタ	入出力の設定	DDRB
ポートB	データ	POTRB

※ 6〜7 ビット目は使えない。

レジスタ	入出力の設定	DDRD
ポートD	データ	POTRD

※ 0〜1 番ピンはシリアル通信に使用している。

レジスタ	入出力の設定	DDRC
ポートC	データ	POTRC

※ デジタルピンとして動作する。
※ 6〜7 ビット目は使えない。

図 13.1　Arduino のポート

② ポート B　　デジタル 8 番から 13 番ピンにつながっています。なお，ポート B の 6 ビット目と 7 ビット目は使えません。
- 入出力の設定レジスタ：DDRB
- データレジスタ　　　：PORTB

③ ポート C　　アナログ 0 番から 5 番ピンにつながっています。この設定を行うと，アナログピンはデジタルピンとして動作します。なお，ポート C の 6 ビット目と 7 ビット目は使えません。
- 入出力の設定レジスタ：DDRC
- データレジスタ　　　：PORTC

PORTD を例にとって，デジタル 2 番から 7 番ピンの 6 つのピンを一度に使用する方法を解説します。

(1) 入出力の設定

ポート D の入出力の設定には DDRD レジスタを使用します。入力の場合は "0"，出力の場合は "1" を設定します。ここでは例として，シリアル通信で使用しているデジタル 0 番と 1 番ピンの設定を変更せずに，デジタル 2 番から 7 番ピンを出力に設定する方法を示します。

```
DDRD = DDRD | B11111100;  // デジタル 2 番から 7 番ピンを出力に
```

(2) ポートの出力

ポート D への出力には PORTD レジスタを使用します。出力は 1 にすると HIGH に，0 にすると LOW になります。ここでは例として，デジタル 3 番，5 番，7 番ピンだけ HIGH とする方法を示します。

```
PORTD = B10101000;     // デジタル 7 番，5 番，3 番ピンを HIGH に
```

デジタル 2 番から 7 番ピンに LED と抵抗を付けた回路を図 13.2 に示します。

プログラムをリスト 13.1 に示します。

● 参照する節 ●
2.1 節

● 使用するパーツ ●
LED × 6
抵抗 (330 Ω) × 6

『新しく学ぶプログラム』
なし

※「|」はビット演算子の 1 つで各ビットの論理和 (OR) を計算します。

13.1　ポート単位のデジタル出力

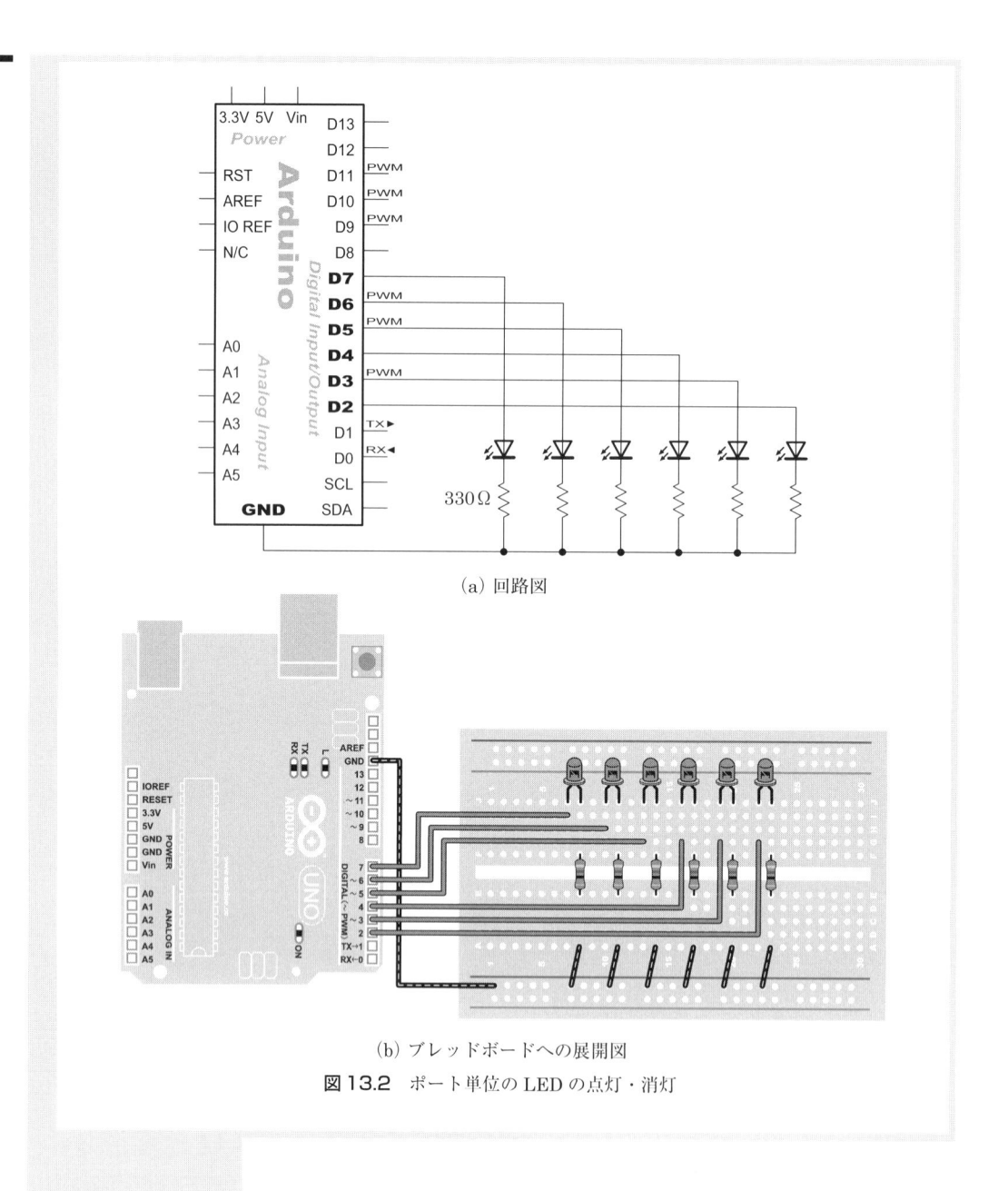

(a) 回路図

(b) ブレッドボードへの展開図

図13.2 ポート単位のLEDの点灯・消灯

▶リスト13.1 ▶ LEDをまとめて光らせる

```
void setup()
{
  DDRD=DDRD|B11111100;    // デジタル2番から7番ピンを出力に
}

void loop()
{
  PORTD=B10101000;        // デジタル7番，5番，3番ピンをHIGHに
}
```

実行するとデジタル3番，5番，7番ピンにつながっているLEDだけ光りましたね。8行目のPORTDに代入している値を変えるとLEDの光り方が変わりますので，いろいろ試してみてください。

13.2 外部割り込み

マイコンの大きな特徴の1つに**割り込み**という機能があります。これは，他の処理をしていても優先して処理をしてくれる機能で，なかなか便利です。この節では，スイッチを押すことで割り込みをさせて，LEDの点灯・消灯を切り替えてみましょう。

● 参照する節 ●
3.1節，4.1節

● 使用するパーツ ●
LED×1
抵抗（330Ω）×1
スイッチ×1
抵抗（10kΩ）×1

『新しく学ぶプログラム』

attachInterrupt 関数

書式	`int attachInterrupt(byte interrupt, void(*function)(), int mode)`
説明	*interrupt*に"0"を指定するとデジタル2番ピンの値に対して割り込みがかかり，"1"を指定するとデジタル3番ピンの値に対して割り込みがかかります。*function*は呼び出す関数を設定します。 　*mode*は以下の4種類の割り込みの条件を設定します。 　・LOW　　：設定したピンがLOWのとき 　・CHANGE：設定したピンがLOWからHIGHまたはHIGHからLOWに変化したとき 　・RISING　：設定したピンがLOWからHIGHに変化したとき 　・FALLING：設定したピンがHIGHからLOWに変化したとき

回路は4.1節と同じもの（33ページの図4.2）を用い，プログラムをリスト13.2に示します。

▶リスト13.2 ▶ 割り込みを使ったLEDの点滅プログラム

```
1   volatile int state=LOW;        // LEDの点灯・消灯を決める変数
2
3   void setup()
4   {
5     pinMode(9,OUTPUT);
6     attachInterrupt(0,led,RISING);    // 割り込みの設定
7   }
8
9   void loop()
10  {
11    digitalWrite(9,state);
12  }
13
14  void led()                  // 割り込みがかかったときに実行される関数
15  {
16    if(state==LOW){           // 点灯と消灯を切り替える
17      state=HIGH;
18    }
19    else{
20      state=LOW;
21    }
22  }
```

※ volatile 修飾子を付けることで最適化による誤動作を防止することができます。

プログラムの解説です。

1行目にはLEDが点灯しているのか消灯しているのかを保存する変数としてstateを宣言しています。

6行目では割り込みに関する設定をしています。ここでは，最初の引数に0を指定しているため，デジタル2番ピンの値に対して割り込みをすることとし，2番目の引数で呼ばれる関数はledであると宣言しています。3番目の引数では"RISING"としているため，スイッチを押してから離したときに割り込みがかかります。

11行目ではstateの値によってデジタル9番ピンにつながっているLEDを点灯・消灯させています。

14行目からのled関数では，stateの値を変化させています。

実行すると，スイッチによってLEDの点灯・消灯が変化しましたね。

13.3 無線通信（XBee）

無線で操作できる機器を作ってみたいと思いませんか？ **XBee**※という通信機器を使うと，たとえば，ラジコンのように遠く離れたものを動かしたり，遠く離れた位置にあるセンサーの値を読み取ったりできるようになります。この XBee はシリアル通信が無線で簡単にできる優れモノです。ただし，無線通信なので，XBee と Arduino は送信用と受信用に 2 つずつ必要となります。

図 13.3 XBee の外観

> **注意**
> プログラムを書き込むときは，デジタル 0 番，1 番ピンにつないだジャンプワイヤーを抜いてから行ってください。

この節では，2 つの Arduino を用いて通信を行います。一方の Arduino からシリアル通信を用いて数値を送信します。もう一方の Arduino でその数値を受信して，その数値にしたがって LED の明るさを変えるようにします。

送信のプログラムは 5.1 節のリスト 5.1 をそのまま使います。受信のプログラムは 5.2 節のリスト 5.3 の val を val/4 に変更したものを使います。

Arduino と XBee の接続方法を説明します。XBee は 3.3V で動作していますので，XBee の電源は Arduino から出力されている 3.3V ピンがそのまま使用できます。ただし，Arduino からの出力信号は 5V なので，10kΩ と 15kΩ の抵抗を用いて分圧し，XBee への入力が 3.3V となるようにしています。XBee からは 3.3V の信号が送信されてきますが，Arduino は 3.3V でも "HIGH" と認識しますので，そのままつなぎます。この回路を図 13.4 に示します。

※ XBee の設定（通信速度，自身のアドレスや送信先アドレス）を変更するためには，X-CTU というソフトウェアを使用します。ただし，初期状態は送信元と送信先のアドレスがそれぞれ 0，0 となっていますので，本書の解説のように 2 台で使う分には問題はありません。ダウンロードは
www.digi.com
の Support → Drivers から XCTU を選び、Utilities の中にある installer を選択してください。

● 参照する節 ●
3.1 節，3.2 節，4.2 節，5.1 節，5.2 節

● 使用するパーツ ●
XBee × 2
XBee 用ピッチ変換基板 × 2
LED × 1
抵抗（330Ω）× 1
抵抗（10kΩ）× 2
抵抗（15kΩ）× 2
ボリューム（10kΩ）× 1

『新しく学ぶプログラム』
なし

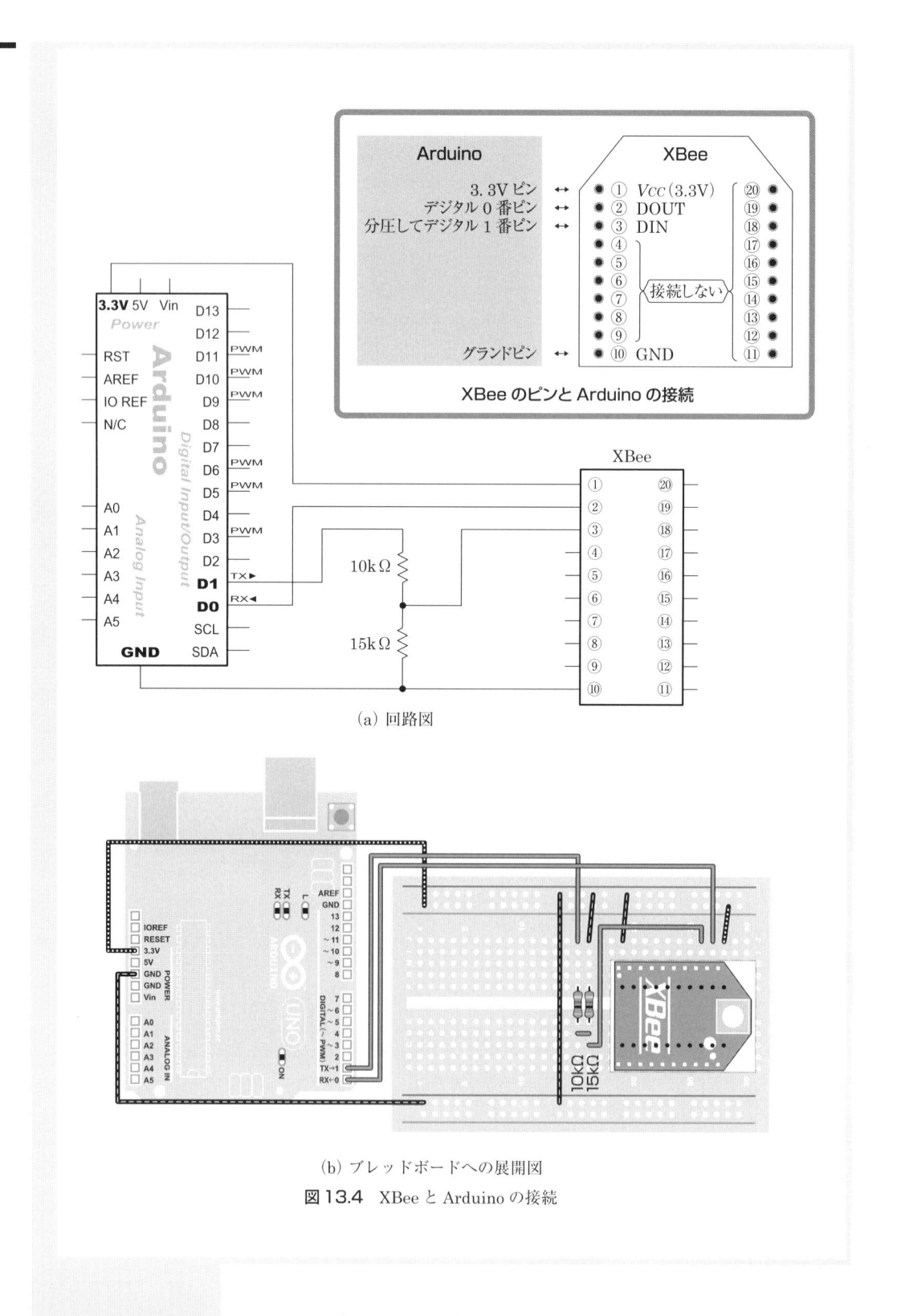

(a) 回路図

(b) ブレッドボードへの展開図

図 13.4 XBee と Arduino の接続

Xbee はピンが 2mm ピッチのため直接ブレッドボードに刺さりませんが、図 13.5 の変換基板を使うとできるようになります。

図 13.5 XBee の変換基板

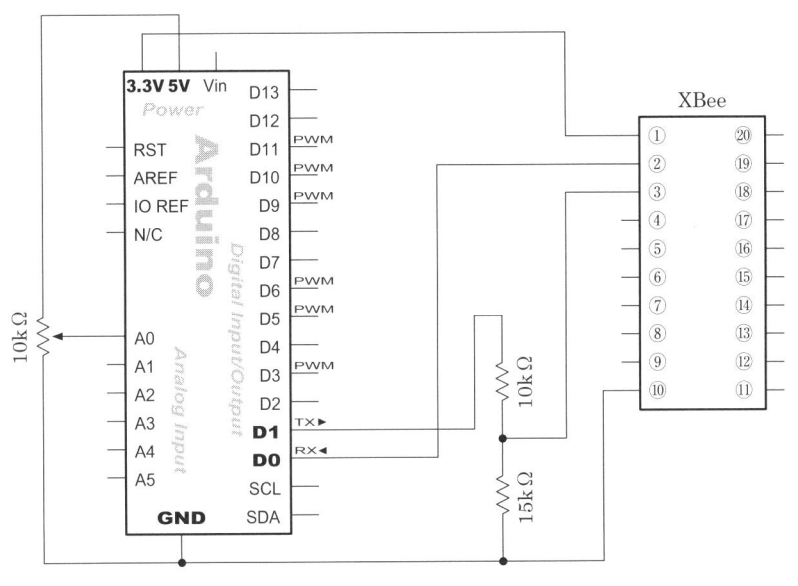

(a) 回路図

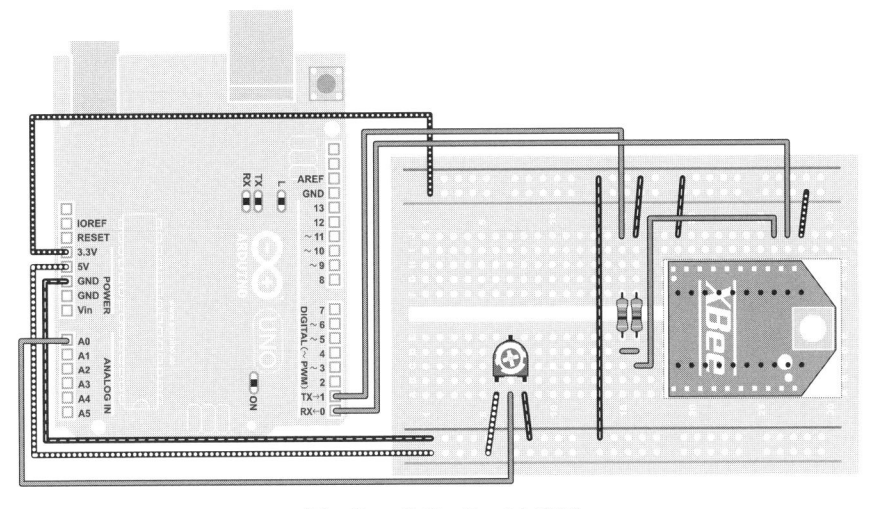

(b) ブレッドボードへの展開図

図 13.6 送信側の回路

13.3 無線通信 (XBee)

送信側の回路を図 13.6 に，受信側の回路を図 13.7 に示します。これらの回路は，図 13.4 の回路に 4.2 節や 3.1 節の回路を一部変更して組み合わせたものとなっています。

実行して送信側のボリュームを回すと受信側の LED の明るさが変わりましたね。無線通信がこんなに簡単にできると，たとえば 12.1 節の車型ロボットをラジコンにしたりしたくなりますね。

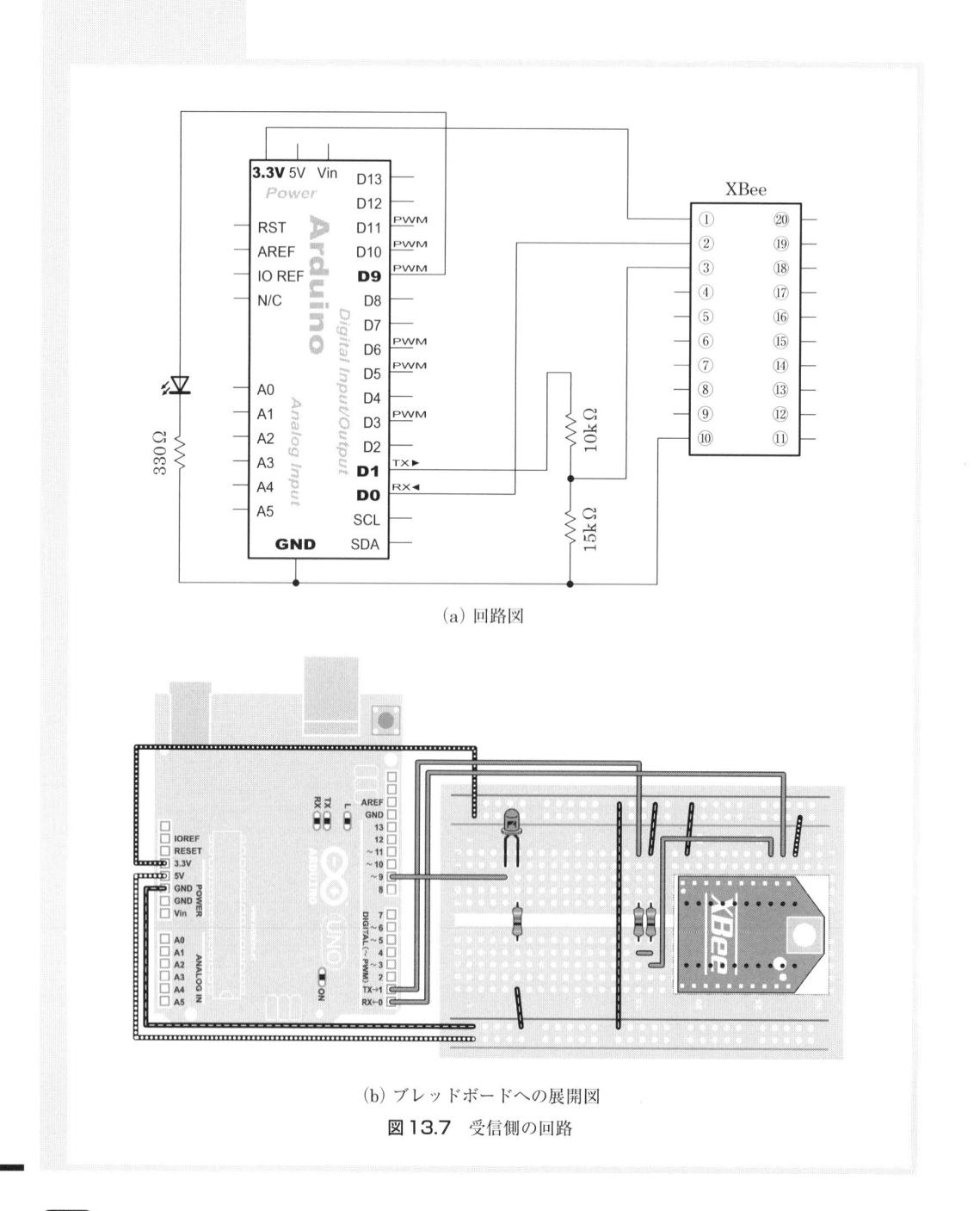

※ うまく動かない場合は，リセットボタンを押してください。

(a) 回路図

(b) ブレッドボードへの展開図

図 13.7 受信側の回路

最後に，複数のデータ（数字）を送ったり受け取ったりするプログラムをリスト 13.3 とリスト 13.4 に示します。

　想定する回路は，マスター側とスレーブ側のそれぞれに XBee をつなぎます。さらに，マスター側はアナログの 0 番と 1 番ピンに 2 つのボリューム，デジタルの 9 番ピンに LED をつなぎます。スレーブ側はアナログ 0 番ピンにボリューム，デジタルの 9 番と 10 番ピンに 2 つの LED をつなぎます。

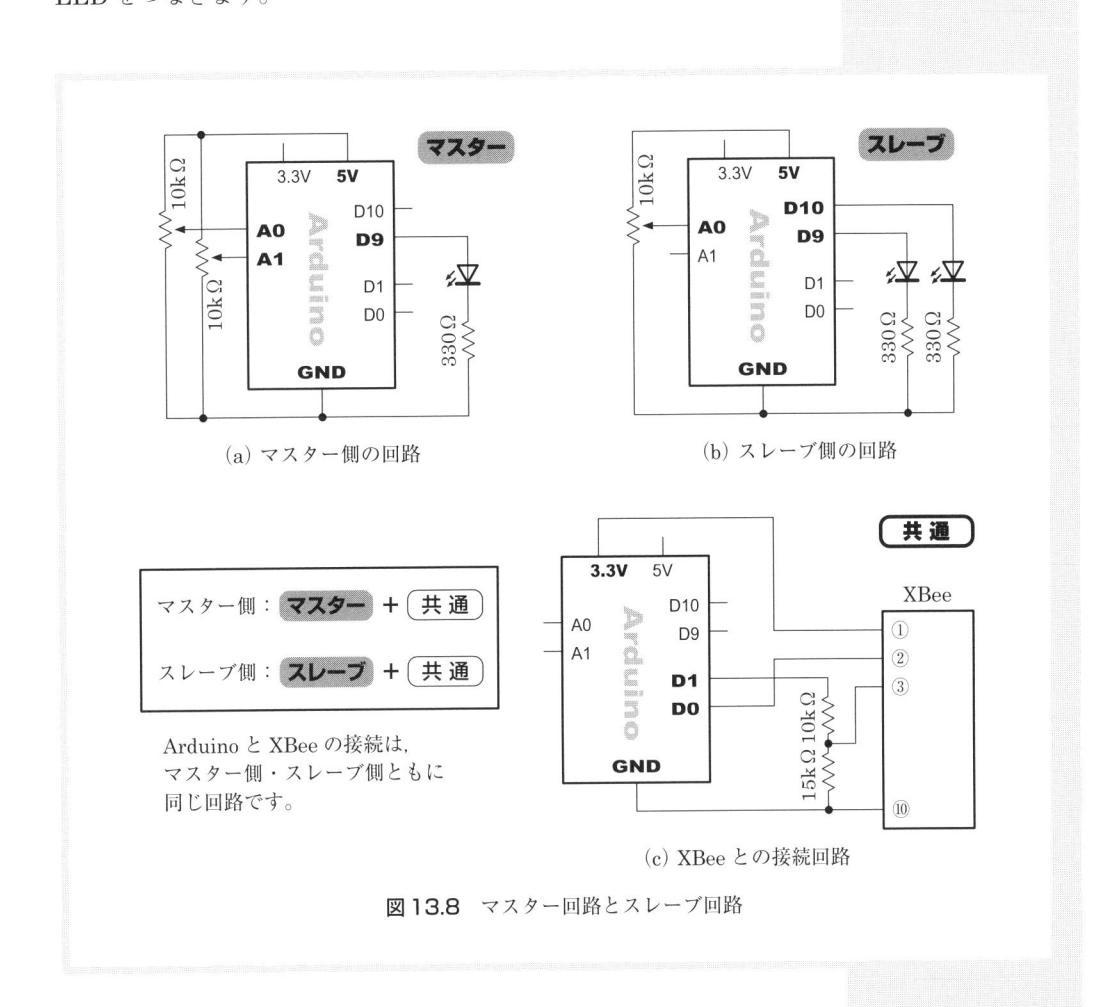

(a) マスター側の回路

(b) スレーブ側の回路

(c) XBee との接続回路

図 13.8 マスター回路とスレーブ回路

▶リスト 13.3 ▶ マスタープログラム

```
1  void setup()
2  {
3    pinMode(9, OUTPUT);      // 9番ピンを出力
4    Serial.begin(9600);      // 転送速度を 9600bps
5  }
6
7  void loop()
8  {
```

```
 9   int val, c;
10   val = analogRead(0);
11   Serial.print("a");
12   Serial.println(val);
13   val = analogRead(1);
14   Serial.print("b");
15   Serial.println(val);
16   Serial.print("c");
17   val = Serial.parseInt();
18   analogWrite(9, val/4);        // valの値によってLEDの明るさを変える
19
20   delay(100);
21 }
```

▶リスト13.4 ▶ スレーブプログラム

```
 1 void setup()
 2 {
 3   pinMode(9, OUTPUT);           // 9番ピンを出力
 4   pinMode(10,OUTPUT);           // 10番ピンを出力
 5   Serial.begin(9600);           // 転送速度を9600bps
 6 }
 7
 8 void loop()
 9 {
10   int val, c;
11
12   if(Serial.available()>0){
13     c = Serial.read();
14     if(c == 'a'){
15       val = Serial.parseInt();  // シリアルデータを整数にする関数
16       analogWrite(9, val/4);    // valの値によってLEDの明るさを変える
17     }
18     else if(c == 'b'){
19       val = Serial.parseInt();  // シリアルデータを整数にする関数
20       analogWrite(10, val/4);   // valの値によってLEDの明るさを変える
21     }
22     else if(c == 'c'){
23       val = analogRead(0);
24       Serial.println(val);
25     }
26   }
27 }
```

プログラムの解説です。

これらのプログラムはマスターとスレーブに分かれています。

マスターはスレーブにいつでもデータを送れるものとしています。そして，複数のデータを送るので，どのデータを送っているのかを識別するためにデータの前に識別子（aやb）を付けています。

スレーブはマスターから要求があったとき（cが送られてきたとき）にデータを送ることとしています。

　これらをうまく使うとラジコンなどいろいろな電子工作ができそうですね。

> **Tips　パソコンと無線通信**
>
> 　XBee を図 13.9 に示す **XBee エクスプローラー**に取り付けて，それを USB ケーブルでパソコンにつなぐことで Arudino とパソコンが無線で通信できるようになります。このとき，USB ケーブルは今までのものでなく，miniUSB というタイプのケーブルが必要となります。
>
> 　パソコンからの送信，受信には TeraTerm を用いると便利です。このソフトは Vector や窓の杜などから無料でダウンロードできます。
>
> **図 13.9**　XBee エクスプローラー

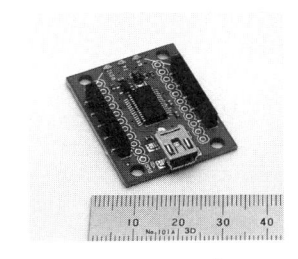

付　録

A. Arduino の関数リファレンス

- A.1　初期化関数とループ関数
- A.2　デジタル入出力関数
- A.3　アナログ入出力関数
- A.4　高度な入出力関数
- A.5　時間関数
- A.6　数学関数
- A.7　三角関数
- A.8　乱数関数
- A.9　外部割り込み関数
- A.10　割り込み関数
- A.11　通信クラス

B. Arduino のライブラリリファレンス

- B.1　標準ライブラリ
- B.2　通信ライブラリ
- B.3　センサーライブラリ
- B.4　ディスプレイライブラリ
- B.5　音関連ライブラリ
- B.6　PWM ライブラリ
- B.7　タイミングライブラリ
- B.8　ユーティリティーライブラリ

C. プログラム言語の基礎

- C.1　変数
- C.2　演算子
- C.3　文法

D. Arduino Uno R3 の内部回路

E. 部品の入手先とパーツリスト

- E.1　部品の入手先
- E.2　パーツリスト

A. Arduino の関数リファレンス

Arduino にはいくつかの関数が用意されています。それらの関数を機能ごとにまとめてあります。また，本文中で説明していないものは簡単な説明を付けています。

A.1　初期化関数とループ関数

setup 関数　　　　⇨　2.1節 参照
loop 関数　　　　⇨　2.1節 参照

A.2　デジタル入出力関数

pinMode 関数　　　⇨　3.1節 参照
digitalWrite 関数　⇨　3.1節 参照
digitalRead 関数　⇨　4.1節 参照

A.3　アナログ入出力関数

analogWrite 関数　⇨　3.2節 参照
analogRead 関数　⇨　4.2節 参照
analogReference 関数

　[書式]　`void analogReference(byte mode)`
　[説明]　アナログ値を読み取るときの基準電圧を設定する関数です。*mode* を"DEFAULT"とすると 5V を基準電圧とし，"INTERNAL"とすると内部で生成した 1.1V を基準とし，"EXTERNAL"とすると AREF ピンに入力した電圧（0V から 5V）を基準電圧とします。

A.4　高度な入出力関数

tone 関数　　　　⇨　10.1節 参照
noTone 関数　　　⇨　10.1節 参照
shiftOut 関数

　[書式]　`void shiftOut(byte dataPin, byte clockPin, byte bitOrder, byte value)`
　[説明]　*value* の値を *dataPin* で設定したピンから 1 ビットずつ *clockPin* で設定したピンからクロックパルスを出しながら出力します。*bitOrder* を"MSBFIRST"とすると最上位ビットから，"LSBFIRST"とすると最下位ビットからの出力となります。

A.5 時間関数 ....

millis 関数　　　　　　　⇨　11.3節 参照

micros 関数

　　[書式]　　`unsigned long micros()`

　　[説明]　　プログラムの経過時間をマイクロ秒で返します。

delay 関数　　　　　　　⇨　6.1節 参照

delayMicroseconds 関数　⇨　8.5節 参照

A.6 数学関数 ....

min 関数

　　[書式]　　`min(x, y)`

　　[説明]　　xとyの小さいほうの値を返します。マクロで定義されているため引数と戻り値の型は次の式に従います。

　　　　　　《マクロ定義式》　　`((a)<(b)?(a):(b))`

max 関数

　　[書式]　　`max(x, y)`

　　[説明]　　xとyの大きいほうの値を返します。マクロで定義されているため引数と戻り値の型は次の式に従います。

　　　　　　《マクロ定義式》　　`((a)>(b)?(a):(b))`

abs 関数

　　[書式]　　`abs(x)`

　　[説明]　　xの絶対値を返します。マクロで定義されているため型は次の引数と戻り値の式に従います。

　　　　　　《マクロ定義式》　　`((x)>0?(x):-(x))`

constrain 関数

　　[書式]　　`constrain(x, a, b)`

　　[説明]　　xが, aとbの間ならばx, aよりも小さかったらa, bよりも大きかったらbを返します。マクロで定義されているため引数と戻り値の型は次の式に従います。

　　　　　　《マクロ定義式》　　`((x)<(a)?(a):((x)>(b)?(b):(x)))`

map 関数

　　[書式]　　`int map(long x, long a, long b, long c, long d)`

　　[説明]　　xの値をaとbの間の値をcからdの間の値に変換するルールを適用して返します。

pow 関数
- ［書式］　`double pow(float x, float a)`
- ［説明］　x の a 乗（x^a）の値を戻します。

sqrt 関数
- ［書式］　`double sqrt(x)`
- ［説明］　x の二乗根（$\sqrt{x}$）値を返します。引数は整数の型であればどの型でも使用できます。

A.7　三角関数

sin 関数
- ［書式］　`double sin(float x)`
- ［説明］　x の正弦値（sin の値）を返します。x はラジアン角です。

cos 関数
- ［書式］　`double cos(float x)`
- ［説明］　x の余弦値（cos の値）を返します。x はラジアン角です。

tan 関数
- ［書式］　`double tan(float x)`
- ［説明］　x の正接値（tan の値）を返します。x はラジアン角です。

A.8　乱数関数

randomSeed 関数
- ［書式］　`void randomSeed(unsidned int seed)`
- ［説明］　乱数の初期パラメータを *seed* で与えます。設定しないと random 関数は毎回同じ値を返します。毎回異なる乱数を発生させたい場合は，なにもつないでないアナログピンの値を analogRead 関数で読み取った値を *seed* として使うことをお勧めします。

random 関数　　⇨　7.3 節 参照

A.9　外部割り込み関数

attachInterrupt 関数　⇨　13.2 節 参照

detachInterrupt 関数
- ［書式］　`void detachInterrupt(byte pin)`
- ［説明］　attachInterrupt 関数で設定した外部割り込みを停止します。

A.10　割り込み関数

interrupts 関数

　　［書式］　`void interrupts()`
　　［説明］　noInterruptsで停止した割り込みを開始します。

noInterrupts 関数

　　［書式］　`void noInterrupts()`
　　［説明］　割り込みを停止します。

A.11　通信クラス

if(Serial) による判定

　　［書式］　`if(Serial)`
　　［説明］　if(Serial)と記述することでシリアル通信が可能かどうかを判定できます。

Serial.available 関数　　⇨　5.2節 参照

Serial.begin 関数　　⇨　5.1節 参照

Serial.end 関数

　　［書式］　`void Serial.end()`
　　［説明］　シリアル通信を終了します。

Serial.find 関数

　　［書式］　`boolen Serial.find(char *target)`
　　［説明］　受け取ったシリアル通信のデータの中にtargetで指定された文字列があるかどうか調べ，あればtrueを返し，なければfalseを返します。

Serial.findUntil 関数

　　［書式］　`boolen Serial.findUntil(char *target, char *terminator)`
　　［説明］　受け取ったシリアル通信のデータの中にtargetで指定された文字列もしくはterminatorで指定された終端文字列があるかどうか調べ，あればtrueを返し，なければfalseを返します。

Serial.flush 関数

　　［書式］　`void Serial.flush()`
　　［説明］　データが送信されるまで待ちます。

Serial.parseInt 関数　　⇨　5.2節 参照

Serial.parseFloat 関数　　⇨　5.2節 参照

Serial.peek 関数

　　［書式］　　`int Serial.peek()`

　　［説明］　　シリアルデータを破棄せず，データの先頭の文字を読み込みます。シリアルデータがない場合は −1 を返します。

Serial.print 関数　　　　⇨　5.1節 参照

Serial.println 関数　　　⇨　5.1節 参照

Serial.read 関数　　　　 ⇨　5.2節 参照

Serial.readBytes 関数

　　［書式］　　`byte Serial.readBytes(char *`*buffer*`, int `*length*`)`

　　［説明］　　受け取ったシリアル通信のデータを長さ *length* の *buffer* に入れます。関数の終了は指定した長さのデータを受け取るか，タイムアウトしたときです。戻り値は受け取ったデータの長さです。

Serial.readBytesUntil 関数

　　［書式］　　`byte Serial.readBytesUntil(char `*character*`, char *`*buffer*`, int `*length*`)`

　　［説明］　　受け取ったシリアル通信のデータを長さ *length* の *buffer* に入れます。関数の終了は指定した長さのデータを受け取るか，指定した *character* と同じ文字を受け取るか，タイムアウトしたときです。戻り値は受け取ったデータの長さです。

Serial.setTimeout 関数

　　［書式］　　`void Serial.setTimeout(long `*ms*`)`

　　［説明］　　シリアルデータを待つ時間をミリ秒単位で設定します。設定しない場合は 1 秒となっています。

Serial.write 関数

　　［書式］　　`byte Serial.write(`*buffer*`)`

　　［説明］　　バイナリ形式でシリアル出力します。引数の型は文字型もしくは文字列型です。戻り値は送信バイト数です。

B. Arduino のライブラリリファレンス

Arduino にはたくさんのライブラリがあります。オープンソースでだれでも開発できるため，世界中のユーザーが使いやすいライブラリを作ってくれています。ここでは，公式ホームページで公開されているライブラリを紹介します。これらのライブラリの内いくつかはダウンロードの仕方や使い方が本書での紹介と異なります。なお，いくつかのライブラリの動作確認はしておりません。

B.1 標準ライブラリ

EEPROM	EEPROM への読み込みと書き込みができます。
Ethernet	イーサーネットシールドを用いてインターネットに接続できます。
Firmata	Firmate プロトコルでパソコン上のソフトウェアと通信できます。
LiquidCrystal	液晶ディスプレイ（LCD）に文字を表示させることができます。
SD	SD カードの読み書きができます。
Servo	サーボモーターを動かすことができます。
SPI	SPI バスを使ってデバイスと通信できます。
SoftwareSerial	任意のデジタルピンでシリアル通信ができます。
Stepper	ステッピングモーターを動かすことができます。
Wire	TWI 通信や I^2C 通信ができます。

B.2 通信ライブラリ

Messenger	コンピュータとテキストベースで通信ができます。
NewSoftSerial	SoftwareSerial ライブラリの改善版です。
OneWire	1-Wire 通信を使ってデバイスを制御できます。
PS2Keyboard	PS2 キーボードの文字を読み取ることができます。
Simple Message System	Arduino とパソコンの間でメッセージをやり取りできます。
SSerial2Mobile	携帯電話を使ったテキストメッセージや E メールの送信ができます。
Webduino	イーサーネットシールドを使うことで Arduino を Web サーバーにすることができます。
X10	AC 電源ラインを介して X10 信号を送信できます。

| XBee | APIモードでXBeeと通信ができます。 |
| SerialControl | シリアル通信を介して他のArduinoを操作できます。 |

B.3 センサーライブラリ

| Capacitive Sensing | 静電容量センサーを使うことができます。 |
| Debounce | チャタリングを抑えてデジタル入力を読み取ることができます。 |

B.4 ディスプレイライブラリ

Improved LCD library	公式ライブラリのLCDライブラリのバグ修正版です。
GLCD	KS0108ベースの液晶ディスプレイ用です。
LedControl	MAX7221を用いたドットマトリックスとMAX7192を用いた7セグを光らせることができます。
LedControl	Maxim社製チップを搭載したドットマトリックスを光らせることができます。
LedDisplay	HCMS-29xxのLEDディスプレイを使うことができます。

B.5 音関連ライブラリ

| Tone | 任意のピンを使ってバックグラウンドで一般的なスピーカーを鳴らすことができます。 |

B.6 PWMライブラリ

| TLC5940 | 12ビットのPWMを16チャンネル使うことができます。 |

B.7 タイミングライブラリ

DateTime	現在の時刻を計測し続けることができます。
Metro	一定の時間間隔で動作を行わせることを補助します。
MsTimer2	ミリ秒ごとに動作を行わせることができます。

B.8 ユーティリティーライブラリ

| PString | 軽く動く通信クラスです。 |
| Streaming | C++風に通信を行うクラスです。 |

C. プログラム言語の基礎

ArduinoのプログラムはC言語にC++とJavaが少しまざったような特別なプログラム言語です。より詳しくプログラムを学ぶときは、C言語の入門書を参考にするとよいでしょう。

C.1 変数

C.1.1 変数の型

Arduinoで使えるデータの型と値の範囲を次の表に示します。

データ型	説明	範囲	
boolen	1ビット変数	true, false	
char	1バイトの文字列型変数 [1]	$-128 \sim 127$	$(-2^7 \sim 2^7-1)$
unsigned char	符号なしの1バイト変数	$0 \sim 255$	$(= 2^8-1)$
byte	8ビットの符号なし変数	$0 \sim 255$	$(= 2^8-1)$
int	16ビットの符号付き変数	$-32768 \sim 32767$	$(-2^{15} \sim 2^{15}-1)$
unsigned int	16ビットの符号なし変数	$0 \sim 65535$	$(= 2^{16}-1)$
long	32ビットの符号付き変数	$-2147483648 \sim 2147483647$	$(-2^{31} \sim 2^{31}-1)$
unsigned long	32ビットの符号なし変数	$0 \sim 4294967295$	$(= 2^{32}-1)$
float	単精度浮動小数点型の変数	$-3.4028235 \times 10^{38} \sim 3.4028235 \times 10^{38}$	
double	倍精度浮動小数点型の変数 [2]	$-3.4028235 \times 10^{38} \sim 3.4028235 \times 10^{38}$	

1) 'A'のようにシングルクォーテーションでくくって使うことができます。
2) 現在のバージョンではfloat型と同じです。

C.1.2 変数の修飾子

Arduinoで使える修飾子を次の表に示します。

修飾子	説明
static	変数を静的に確保します。これにより関数を抜けたあともその関数内の変数の値を保持し続けることができます。
volatile	変数の最適化を抑えることができます。これを付けないと最適化によって動作が意図通りにならない場合があります。
const	変数を定数として扱うことができます。これにより、この変数は宣言した部分以外で書き換えることができなくなります。

C.2 演算子

C.2.1 算術演算子

型	説明	使用例	例の意味
=	変数に代入する	a = 1;	aに1を代入
+	足し算をする	a = b + 2;	bに2を足した数をaに代入
−	引き算をする	a = b − 3;	bから3を引いた数をaに代入
*	掛け算をする	a = b * 4;	bに4を掛けた数をaに代入
／	割り算をする	a = b / 5;	bを5で割った商をaに代入
%	余りを計算する	a = b % 6;	bを6で割った余りをaに代入

C.2.2 比較演算子

型	説明	使用例	例の意味
==	等しいか？	a == b	aとbが等しいか？
!=	等しくないか？	a != b	aとbが等しくないか？
>	大きいか？（等しい場合は含まない）	a > b	aはbより大きいか？
<	小さいか？（等しい場合は含まない）	a < b	aはbより小さいか？
>=	大きいかまたは等しいか？	a >= b	aはbより大きいまたは等しいか？
<=	小さいかまたは等しいか？	a <= b	aはbより小さいまたは等しいか？

C.2.3 論理演算子

型	説明	使用例	例の意味
&&	かつ	a && b	aかつbの真理値
||	または	a || b	aまたはbの真理値
!	否定	!a	aの否定の真理値

C.2.4 重文演算子

型	説明	使用例	例の意味
++	変数に1を足す（インクリメント）	a++;	a = a + 1
−−	変数に1を引く（デクリメント）	a−−;	a = a − 1
+=	変数に任意の数を足す	a += 2;	a = a + 2
−=	変数に任意の数を引く	a −= 3;	a = a − 3
*=	変数に任意の数を掛ける	a *= 4;	a = a * 4
／=	変数に任意の数を割る	a /= 5;	a = a / 5

C.3 文法

C.3.1 if 文

if 文を使うと，設定した条件が成り立っていれば決まった処理を行うことができます。

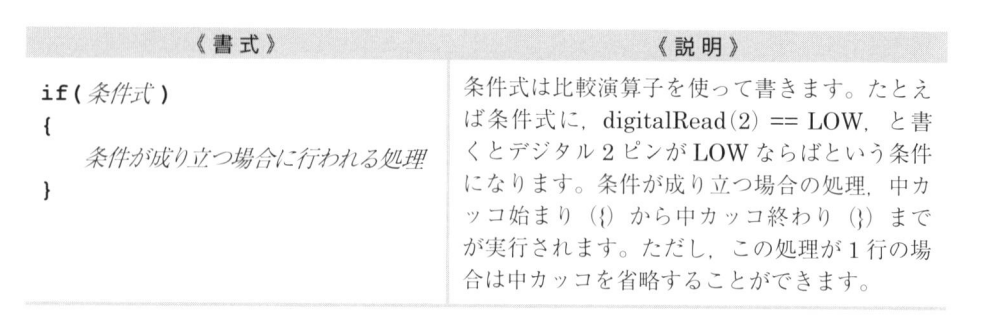

《書式》	《説明》

`if(`*条件式*`)`
`{`
　　条件が成り立つ場合に行われる処理
`}`
	条件式は比較演算子を使って書きます。たとえば条件式に，digitalRead(2) == LOW，と書くとデジタル 2 ピンが LOW ならばという条件になります。条件が成り立つ場合の処理，中カッコ始まり（{）から中カッコ終わり（}）までが実行されます。ただし，この処理が 1 行の場合は中カッコを省略することができます。

C.3.2 if 〜 else 文

if 〜 else 文を使うと，if 文に追加して条件が成り立たなかった場合の処理を行わせることができます。

《書式》	《説明》

`if(`*条件式*`)`
`{`
　　条件式が成り立つ場合の処理
`}`
`else`
`{`
　　条件式が成り立たない場合の処理
`}`
	if 文の条件が成り立たなかった場合の処理を else の後に書くことができます。

C.3.3 if 〜 else if 〜 else 文

if 〜 else if 〜 else 文を使うと，if 文に追加して条件が成り立たなかった場合に，さらに他の条件が成り立つかどうか調べて成り立てば設定した処理を行わせてることができます。そしてさらに，全ての条件が成り立たなかった場合にも設定した処理を行わせることができます。

《書式》	《説明》

`if(`*条件式①*`)`
`{`
　　条件式①が成り立つ場合の処理
`}`
`else if(`*条件式②*`)`
`{`
　　条件式①が成り立たずに条件式②が成り立つ場合の処理
`}`
`else`
`{`
　　条件式①も条件式②も成り立たない場合の処理
`}`
	条件式①が成り立たなかった場合，さらに他の条件式②で判別することができます。例では条件は2つですが，else ifを続けて書くことでたくさんの条件を判定することができます。そして，全ての条件が成り立たなかった場合の処理をelseの後に書くことができます。

C.3.4　for文

あるきまった回数だけ処理を繰り返すことができます。

《書式》	《説明》

`for(`*初期値：条件式：増分*`){`
　　繰り返す処理
`}`
	初期値を設定し，繰り返すごとに増分でその値を増加させます。条件式が成り立っている間中カッコ始まり（{）から中カッコ終わり（}）までが実行されます。ただし，この処理が1行の場合は中カッコを省略することができます。

C.3.5　while文

条件式が成り立っている間，繰り返して処理を行います。

《書式》	《説明》

`while(`*条件式*`){`
　　繰り返す処理
`}`
	まず，条件式が成り立っているかどうかまず判定します。条件式が成り立っている場合には中カッコ始まり（{）から中カッコ終わり（}）までが実行されます。ただし，この処理が1行の場合は中カッコを省略することができます。そして，処理が終わるとまた条件判定に戻ります。

C.3.6　do ~ while 文

条件が成り立っている間繰り返し処理を行います。

《書式》	《説明》
| ```
do{
    繰り返す処理
}while(条件式)
``` | while 文に似ていますが，まず，中カッコ始まり（{）から中カッコ終わり（}）までが実行されます。ただし，処理が1行の場合でも中カッコを省略することはできません。その処理を行ってから条件判定をします。そして条件式が成り立っている場合はその処理を再度行うことを繰り返します。 |

C.3.7　break 文

繰り返し処理（for 文，while 文，do ~ while 文）から強制的に抜けたり，後述の switch ~ case 文で条件処理の終了時に使います。

《書式例》	《説明》
| ```
while(条件式1){
    処理1
    if(条件式2)
        break;
    処理2
}
``` | while 文を例にとって説明します。<br>もし if 文と break 文がなければ，while 文は条件1が成り立っている間，処理1と処理2を繰り返して行います。この例のように if 文と break 文がある場合は処理1が終わった後，条件式2が成り立つかどうか調べます。もし成り立っていれば break 文が実行されて処理2を行わずに繰り返し処理を終わらせることができます。 |

C.3.8　switch ~ case 文

条件を判定して多方向分岐を行います。

《書式例》	《説明》
| ```
switch(式){
    case 値1:
        処理1
        break;
    case 値2:
        処理2
    case 値3:
        処理3
        break;
    default:
        処理4
}
``` | まず，switch の後に式を設定します。<br>その式の値が値1だった場合は処理1が実行されます。そして break 文で switch が終わります。<br>式の値が値2だった場合は処理2が実行されます。break 文がなかった場合は続けて処理3が実行されて break 文で終わります。<br>式の値が値3だった場合は処理3が実行されます。そして break 文で switch が終わります。<br>最後に，式の値が値1〜値3までと違う場合は default の後に書かれた処理4が実行されます。 |
```

C.3.9 return 文

関数の終わりに書きます。その関数が戻り値を持つ場合は return の後に戻り値の型に合わせた変数または定数を書きます。

《 書 式 例 》	《 説 明 》
| ```
int function()
{
    処理
    return int型の値
}
``` | 処理をまとめたものを関数といいます。関数の終わりに書くのが return 文です。<br>そして，この関数で計算などの処理をした結果は一つの変数しか返せません。その関数の戻り値を return 文の後に書きます。ただし，関数が void 型である ( 何も戻す値がない ) 場合は return 文を省略することができます。 |
```

D. Arduino Uno R3 の内部回路

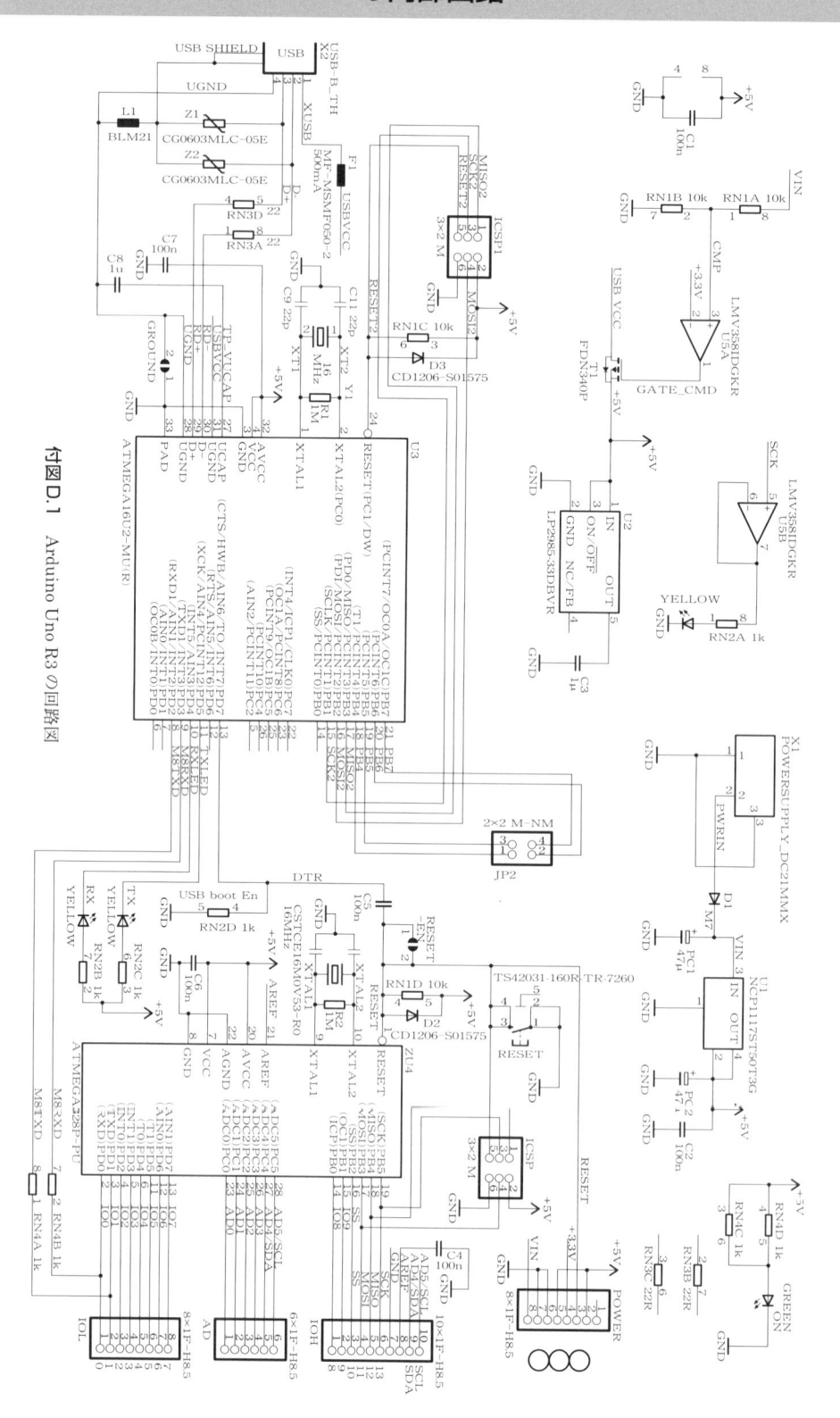

付図D.1　Arduino Uno R3 の回路図

E. 部品の入手先とパーツリスト

E.1 部品の入手先

付表 E.1

秋月電子通商 (http://akizukidenshi.com/)	電子工作に必要な部品がだいたいそろいます。
千石電商 (http://www.sengoku.co.jp/)	よく使う部品が豊富で、店舗では Arduino 関連品が多くあります。
マルツパーツ館 (http://www.marutsu.co.jp/)	定番の部品から変わった部品までとにかくたくさんあります。
共立エレショップ (http://eleshop.jp/)	部品だけでなく電子工作キットも充実しています。
若松通商 (http://www.wakamatsu-net.com/biz/)	他では手に入りにくい変わった部品も扱っています。
スイッチサイエンス (http://www.switch-science.com/)	Arduino や関連品の品ぞろえが豊富です。
タミヤショップオンライン (http://tamiyashop.jp/)	タミヤの工作パーツが手に入ります。

※ プログラムリストの他に、部品の入手先へのリンクやカラー版のブレッドボードへの展開図などを掲載しますので、ホームページも参考にしてください。

　　　東京電機大学出版局（http://www.tdupress.jp/）

　　　　　トップページ ➡ ダウンロード ➡ たのしくできる Arduino 電子工作

E.2 パーツリスト

本書で使用するパーツの一覧を付表 E.2 に示します。
さらに以下に示すように、図 1.1 のパーツや家庭にある材料・工具が必要となります。

- USB ケーブル（AB タイプ）
- ブレッドボード（解説では小型のもの [EIC-801、BB-801 など] を使用しています）
- ジャンパー線、ジャンプワイヤー [オス－オス、オス－メス] のセット
- 配線（ジャンプワイヤーの両端を切断したものでも可 [センサー等の接続用]）
- セロハンテープ、両面テープ
- アルミホイル
- 輪ゴム
- パソコン（インターネットに接続可能なもの）
- 工具類（ピンセット、ニッパー、ラジオペンチ、はんだコテ [LCD の接続コネクタ部、XBee 変換基板]）

付表 E.2 パーツリスト

品名	型番・容量など	章 節 2-1	2-2	3-1	3-2	4	5	6-1	6-2	6-3	7-1	7-2	7-3	8-1	8-2	8-3	8-4	8-5	8-6	9-1	9-2	9-3	10	11-1	11-2	12-1	12-2	12-3	13-1	13-2	13-3	最大必要数	秋月	マ	共	若	ス	タ
Arduino Uno R3		1	1	1	1	1	1	1	1	1	1	1	1	1	1	1	1	1	1	1	1	1	1	1	1	1	1	1	1	1	1	1	◎			○		
抵抗	330Ω [1/4W]			1	1			7															4			2	2	1	6	1	1	7	◎			○		
抵抗	1kΩ [1/4W]			1	1	1		8							1								8			1	1		1	1		8	◎			○		
抵抗	10kΩ [1/4W]					1		1																		2	2			2		2	◎			○		
抵抗	15kΩ [1/4W]																															1	◎			○		
抵抗	47kΩ [1/4W]																															1	◎			○		
抵抗	10MΩ [1/4W]																															1	◎			○		
ボリューム	10kΩ [B型]								1																				2			2	◎			○		
押しボタンスイッチ (タクトスイッチ)						1																			2							2	◎			○		
LED (5mmφ, 赤色)				1	1															1												1	◎			○		
7セグメントLED (カソードコモン)	OSL641501-ARA 等							1																								1	◎			○		
ドットマトリックス	C-551SRD 等								2																							2	◎			○		
液晶ディスプレイ	SC1602									1																						1	◎			○		
赤外線LED	TLN115A										1																					1	◎			○		
フォトトランジスタ	TPS611(F)										1																					1	◎			○		
距離センサー	GP2Y0A21YK											1																				1	◎			○		
曲げセンサー	2.2インチ												1																			1					○	
3軸加速度センサー	KXM52-1050													1																		1	◎					
超音波センサー	SEN136B5B														1																	1	△					○
XBee																		2						2								2	△					
XBeeピッチ変換基板																		2						2								2	◎					
圧電ブザー	SPT08																			1												1	◎			○		
モーター	マブチ130																				1	1	1									1	◎			○		
モータードライバIC	TA7291P																				1	1	1									1	◎					
ステッピングモーター	ST-42BYG020																								1							1	◎					
IC	TD62003AP																								1							1	◎					
サーボモーター	S03N/2BBMG/F																									1						1	△					
ACアダプター (9V)																											1					1	◎					
電池 (9V)																								4	4	4						4	◎			○		
電池 (単三)	単三×4本用																											1	1	1	1	1	◎			○		
電池ボックス																												1	1	1	1	1	◎			○		
電池スナップ																									1			1				1	◎			○		
ユニバーサルアーム	70143																														1	1						○
ダブルギヤボックスセット	70168																														1	1						○
ナローギヤボックスセット	70145																						1									1						○
ユニバーサルプレートセット	70157																					1	1									1						○
ボールキャスター	70144																					1	1									1						○

(凡例) 秋:秋月電子通商,千:千石電商,マ:マルツパーツ館,共:共立エレショップ,若:若松通商,ス:スイッチサイエンス,タ:タミヤショップオンライン.
◎:筆者が購入したお店, ○:販売を確認したお店, △:同等品の販売を確認したお店. (2012 年 8 月現在)

索 引

■ 関数・クラス・制御文 ■

abs 関数 ·· 134
analogRead 関数 ··· 34
analogReference 関数 ······························· 133
analogWrite 関数 ··· 30
attachInterrupt 関数 ·································· 123
break 文 ··· 144
CapSense クラス ··· 76
constrain 関数 ·· 134
cos 関数 ··· 135
delayMicroseconds 関数 ················· 45, 72
delay 関数 ··· 44
detachInterrupt 関数 ································· 135
digitalRead 関数 ·· 32
digitalWrite 関数 ·· 27
do～while 文 ·· 144
for 文 ··· 143
if 文 ·· 142
if～else 文 ·· 142
if～else if～else 文 ··································· 142
interrupts 関数 ·· 136
LiquidCrystal クラス ···································· 52
loop 関数 ··· 19
map 関数 ··· 134
max 関数 ··· 134
micros 関数 ··· 134
millis 関数 ·· 103
min 関数 ·· 134
MsTimer2::set 関数 ····································· 45
MsTimer2::start 関数 ·································· 45
MsTimer2::stop 関数 ·································· 46
noInterrupts 関数 ······································· 136
noTone 関数 ··· 88
pinMode 関数 ·· 27
pow 関数 ··· 135

pulseIn 関数 ··· 51
randomSeed 関数 ······································· 135
random 関数 ··· 60
return 文 ·· 145
Serial.avalable 関数 ···································· 40
Serial.begin 関数 ··· 37
Serial.end 関数 ·· 136
Serial.findUntil 関数 ·································· 136
Serial.find 関数 ·· 136
Serial.flush 関数 ·· 136
Serial.parseFloat 関数 ·························· 41, 43
Serial.parseInt 関数 ···································· 41
Serial.peek 関数 ··· 137
Serial.println 関数 ······································· 37
Serial.print 関数 ·· 38
Serial.readBytesUntil 関数 ······················· 137
Serial.readBytes 関数 ······························· 137
Serial.Read 関数 ··· 40
Serial.setTimeout 関数 ····························· 137
Serial.write 関数 ·· 137
Servo クラス ··· 82
setup 関数 ·· 19
shiftOut 関数 ·· 133
sin 関数 ··· 135
sqrt 関数 ··· 135
Stepper クラス ··· 85
switch～case 文 ·· 144
tan 関数 ··· 135
tone 関数 ·· 88, 90
while 文 ·· 143

■ 英数字 ■

AC アダプター ··· 25
Arduino ·· 1
Arduino Uno ·· 1
DC モーター ··· 79

149

GND	4
LCD（液晶ディスプレイ）	52
LED（Arduino Uno 本体）	4
LED	27
PSD	63
PWM	3, 31
PWM ライブラリ	139
RC サーボ	82
USB コネクタ	4
Vin ピン	4
XBee	125
XBee エクスプローラー	131
3.3V ピン	4
3 軸加速度センサー	67
5V ピン	4
7 セグ（7 セグメント LED ディスプレイ）	55

■ あ行 ■

アップデート（開発環境）	8
アナログ出力	30
アナログ入出力関数	133
アナログ入力	34
アナログピン	3
アノード	28, 71
アノードコモン（7 セグ）	56
アンインストール（開発環境）	8
インクリメント	55, 141
インストール（開発環境）	7
インデント	18
液晶ディスプレイ（LCD）	52
エミッタ	70
エラー	22
演算子	141
音関連ライブラリ	139

■ か行 ■

改行コード	37
開発環境	5
外部割り込み関数	135
カソード	28
カソードコモン（7 セグ）	56
加速度	67
楽器	88
可変抵抗	34
距離センサー	63
グランドピン	4
ゲーム	97
スプーン ──	100
モグラたたき ──	103
リズム ──	97
高度な入出力関数	133
コレクタ	70
コンパイル	20

■ さ行 ■

サーボモーター	82
三角関数	135
算術演算子	141
サンプルプログラム	16
時間関数	134
時間計測	50
時間待ち	44, 50
重文演算子	141
出力	
アナログ ──	30
シリアル ──	37
デジタル ──	27
初期化関数	133
シリアル出力	37
シリアル通信	37
シリアル入力	40
シリアルポートの設定	14
シリアルモニタ	38

スイッチ･･････････････････････････････ 32
数学関数･･････････････････････････････ 134
スケッチ･･････････････････････････････ 13
スコープ演算子･･････････････････････ 49
ステッピングモーター････････････････ 84
スプーンゲーム･･････････････････････ 100

静電容量センサー････････････････････ 76
赤外線LED ･･････････････････････ 63, 71
センサー･･････････････････････････････ 63
 3軸加速度 —— ････････････････ 67
 距離 —— ･･････････････････････ 63
 静電容量 —— ････････････････ 76
 超音波 —— ･･････････････････ 72
 光 —— ････････････････････････ 70
 曲げ —— ･･････････････････････ 66
センサーライブラリ･･････････････････ 139

■ た行 ■

ダイナミックドライブ（7セグ）･････ 56
タイマー･･････････････････････････ 45, 50
タイミングライブラリ･･･････････････ 139

超音波センサー･････････････････････ 72

通信クラス･･･････････････････････････ 136
通信ライブラリ･････････････････････ 138

ディスプレイライブラリ･･･････････ 139
デクリメント･････････････････････････ 141
デジタル出力･････････････････････････ 27
デジタル入出力関数････････････････ 133
デジタル入力･････････････････････････ 32
デジタルピン･･････････････････････････ 3
デューティー比･･････････････････････ 31
テルミン･･････････････････････････････ 93
電源ジャック･･････････････････････････ 4
電子楽器･･････････････････････････････ 88
電子ピアノ････････････････････････････ 91
転送速度･････････････････････････ 37, 40
電池･･･････････････････････････････････ 26

ドットマトリックス･････････････････ 59
トランジスタアレイIC ･･････････ 84, 85

■ な行 ■

入力
 アナログ —— ･･････････････ 34
 シリアル —— ･･････････････ 40
 デジタル —— ･･････････････ 32

■ は行 ■

バイポーラ型（ステッピングモーター）･･･ 85
比較演算子･･･････････････････････････ 141
光センサー･･･････････････････････････ 70
標準ライブラリ･････････････････････ 138
ピン･････････････････････････････････････ 3
 Vin —— ･･････････････････････ 4
 3.3V —— ････････････････････ 4
 5V —— ･･････････････････････ 4
 アナログ —— ･･････････････ 3
 グランド —— ･･････････････ 4
 デジタル —— ･･････････････ 3

フォトトランジスタ････････････････ 71
フォトリフレクタ･･････････････････ 72

変数の型･･････････････････････････････ 140

ボードの設定･････････････････････････ 14
ポートレジスタ･････････････････････ 120
ボリューム････････････････････････････ 34

■ ま行 ■

マイクロ秒････････････････････････････ 45
マイコンボード････････････････････････ 1
曲げセンサー･････････････････････････ 66

ミリ秒･････････････････････････････････ 44

無線通信…………………………… 125

モーター…………………………… 79
　　DC ──　………………… 79
　　サーボ ──　………………… 82
　　ステッピング ──　………… 84
モータードライバIC ……………… 79
モグラたたきゲーム……………… 103

■ や行 ■

ユーティリティーライブラリ…………… 139
ユニポーラ型（ステッピングモーター）… 85

■ ら行 ■

ライブラリ………………………… 45, 138
ライントレースロボット………………… 108
乱数関数…………………………… 135

リズムゲーム……………………… 97
リセットボタン………………………4

ループ関数………………………… 133

レジスタ…………………………… 120

ロボット…………………………… 108
ロボットアーム…………………… 114
論理演算子………………………… 141

■ わ行 ■

割り込み…………………………… 123
割り込み関数……………………… 136

【著者紹介】

牧野浩二（まきの・こうじ）

学歴	東京工業大学 工学部 制御システム工学専攻 博士後期課程卒業 博士（工学）
職歴	株式会社本田技術研究所 研究員 財団法人高度情報科学技術研究機構 研究員 東京工科大学 コンピュータサイエンス学部 助教
現在	山梨大学大学院 医学工学総合研究部 助教 これまでに地球シミュレータを使用してナノカーボンの研究を行い，Arduinoを使ったロボコン型実験を担当した。マイコンからスーパーコンピュータまで様々なプログラミング経験を持つ。

たのしくできる
Arduino 電子工作

| 2012年9月30日　第1版1刷発行 | ISBN 978-4-501-32870-2　C3055 |
| 2023年4月20日　第1版9刷発行 | |

著　者　牧野浩二
　　　　Ⓒ Makino Kohji　2012

発行所　学校法人 東京電機大学　　〒120-8551　東京都足立区千住旭町5番
　　　　東京電機大学出版局　　　　Tel. 03-5284-5386(営業) 03-5284-5385(編集)
　　　　　　　　　　　　　　　　　Fax.03-5284-5387　振替口座 00160-5-71715
　　　　　　　　　　　　　　　　　https://www.tdupress.jp/

[JCOPY] <(社)出版者著作権管理機構 委託出版物>
本書の全部または一部を無断で複写複製（コピーおよび電子化を含む）することは，著作権法上での例外を除いて禁じられています。本書からの複製を希望される場合は，そのつど事前に，(社)出版者著作権管理機構の許諾を得てください。また，本書を代行業者等の第三者に依頼してスキャンやデジタル化をすることはたとえ個人や家庭内での利用であっても，いっさい認められておりません。
［連絡先］Tel. 03-5244-5088，Fax. 03-5244-5089，E-mail：info@jcopy.or.jp

印刷・製本：三美印刷(株)　　装丁：大貫伸樹＋伊藤庸一
落丁・乱丁本はお取り替えいたします。　　　　　　　　　　　　　　Printed in Japan

Arduino・PICマイコン

たのしくできる
Arduino電子工作

牧野浩二 著　　　B5判・160頁

出力処理　入力処理　シリアル通信　表示デバイスを使おう　センサーを使おう　モーターを回そう　楽器を作って演奏しよう　ゲームを作ろう　ロボットを作ろう　Arduinoを使いつくそう

たのしくできる
Arduino電子制御
Processingでパソコンと連携

牧野浩二 著　　　B5判・256頁

データロガー　スカッシュゲーム　バランスゲーム　電光掲示板　レーダー　赤いものを追いかけるロボット　どこでも太鼓　OpenCV　Kinect　Leap Motion

たのしくできる
Arduino実用回路

鈴木美朗志 著　　　B5判・120頁

距離の測定　圧力レベル表示器　緊急電源停止回路　温度計　DCモータの正転・逆転・停止・速度制御　RCサーボの制御回路　曲の演奏　ライントレーサ　二足歩行ロボット

たのしくできる
PIC12F実用回路

鈴木美朗志 著　　　B5判・144頁

LED点灯回路　PWM制御回路　センサ回路（照度センサ・測距モジュール・圧電振動ジャイロ）　アクチュエータ回路　赤外線リモコンとロボット製作

PIC16トレーナによる
マイコンプログラミング実習

田中博・芹井滋喜 著　B5判・148頁

PICマイコンと開発環境　I/Oポートの入力・出力　割り込み　周波数と音　表示器　A/D変換　シリアル通信　温度センサを使った温度測定

1ランク上の
PICマイコンプログラミング
シミュレータとデバッガの活用法

高田直人 著　　　B5判・144頁

PICkit3を使ったプログラム開発　A/D変換器　PMWモジュール　赤外線リモコンのアナライザ　エンハンストPMWモードとHブリッジモータドライバ　静電容量式センシング

C言語による
PICプログラミング入門

浅川毅 著　　　A5判・200頁

データの表現　C言語の基礎　数値の表示と変数　演算子と関数　PIC-USBマイコンボード　プログラムの書式と記述例　総合プログラム　プログラム開発ツールの利用　シミュレータの使い方

PICアセンブラ入門

浅川毅 著　　　A5判・184頁

マイコンとPIC16F84　データの扱い　アセンブラ言語　プログラムの書式と記述例　応用プログラムの作成　MPLABを使用したプログラム開発

＊定価，図書目録のお問い合わせ・ご要望は出版局までお願いいたします。
URL　http://www.tdupress.jp/

MP-503